U0226335

北方工业大学经济管理学院文库

北方工业大学科研启动基金项目资助（110051360002）

# 环境处罚与
# 企业行为研究

HUANJING CHUFA YU QIYE XINGWEI YANJIU

陈晓艳◎著

经济管理出版社
ECONOMY & MANAGEMENT PUBLISHING HOUSE

**图书在版编目（CIP）数据**

环境处罚与企业行为研究／陈晓艳著. —北京：经济管理出版社，2022.6

ISBN 978-7-5096-8433-7

Ⅰ.①环…　Ⅱ.①陈…　Ⅲ.①环境管理—行政处罚—影响—企业行为—经济效果—研究—中国　Ⅳ.①X322.2

中国版本图书馆 CIP 数据核字（2022）第 090791 号

组稿编辑：任爱清

责任编辑：任爱清

责任印制：黄章平

责任校对：董杉珊

出版发行：经济管理出版社

　　　　　（北京市海淀区北蜂窝 8 号中雅大厦 A 座 11 层　100038）

网　　址：www.E-mp.com.cn

电　　话：（010）51915602

印　　刷：唐山玺诚印务有限公司

经　　销：新华书店

开　　本：720mm×1000mm /16

印　　张：12.5

字　　数：225 千字

版　　次：2022 年 7 月第 1 版　　2022 年 7 月第 1 次印刷

书　　号：ISBN 978-7-5096-8433-7

定　　价：78.00 元

前言

　　近年来，我国政府对企业环境治理的管制力度明显增大，出台了多项环境立法和环境执法方面的法律法规和规章制度，尤其是环保部门的环境执法力度显著增强。例如，在新《中华人民共和国环境保护法》中对于按日连续处罚的规定，表明按日计罚将使环境执法力度达到量变级的新高度。同时，环保部门也与中国银行保险监督管理委员会、银行业联手，通过构建绿色信贷和绿色金融体系抵御企业环境违法行为，环保产业税收优惠政策和新修订的《中华人民共和国环境保护税法》（以下简称《环境保护法》）还将环境规制与税制设计相结合，通过税收政策完善环境规制。因此，在国家积极地全面布局环境治理、严格进行环保监管和执法的制度背景下，探究政府环境执法制度能否发挥有效作用以及如何发挥作用至关重要，同时检验政府环境处罚对企业行为的经济后果，对于进一步完善政府、金融机构和税务部门对企业环境治理的多方共治也具有重要意义。

　　通过文献回顾，本书发现，既有研究极少从环境执法的角度分析政府实施的环境处罚对企业新增银行借款的影响，也鲜有文献关注政府环境处罚对企业税负的影响，更没有文献分析政府环境处罚对于同时促进企业环境治理过程和环境治理结果是否有效。鉴于此，本书基于政府环境执法的视角检验环境处罚对企业不同行为的影响。利用环境处罚的广度和深度两个层面将环境处罚细分为环境处罚频次和环境处罚力度两个维度，以及通过企业环境治理过程和治理结果的双维视角，从企业新增银行借款、企业税负、目标企业环境治理和其他企业环境治理这四个方面分析政府环境处罚对企业行为的影响机制和经济后果。其中，目标企业指代的是当年受到环境处罚的企业，而其他企业指代的是当年与目标企业所处同行业的其他未受到环境处罚的企业。

　　具体而言，首先检验环境处罚是否会影响银行绿色信贷进而降低企业新增银行借款；其次检验环境处罚是否会影响税收优惠政策进而增加企业承担的税负水平；再次检验在环境执法制度、绿色信贷政策和环保税收政策的综合背景下，环境处罚是否会促进目标企业增加环境治理；最后检验目标企业受到的环境处罚是否会促进其他企业增加环境治理，即产生传染效应。本书以 2012～2018 年沪深 A 股重污染行业的上市公司作为研究样本，利用 OLS 回归模型检验上述问题，得到的主要研究结论有以下四点：

第一，通过分析环境处罚对企业新增银行借款的影响发现，环境处罚频次和环境处罚力度均能显著负向影响企业新增银行借款，即环境处罚的频次越多，处罚力度越大，越能够降低企业新增银行借款的规模，这表明环境处罚对于企业新增银行借款具有"融资惩罚效应"。通过对异质性分析发现，环境处罚对于企业新增银行借款的"融资惩罚效应"主要体现在企业规模较大组和企业外部信息环境较好组。进一步分析发现，环境处罚频次和环境处罚力度对企业新增银行借款的负向影响同时源于企业新增的短期银行借款和长期银行借款规模的缩小。并且相比同期的"融资惩罚效应"，环境处罚对企业新增银行借款的滞后一期"融资惩罚效应"影响更为显著。此外，在环境处罚的当期，环境处罚频次会显著增加企业商业信用融资，而且在环境处罚的当期和下期，环境处罚频次和环境处罚力度还会进一步加剧企业融资约束程度。

第二，通过分析环境处罚对企业税负的影响发现，环境处罚频次和环境处罚力度均能显著正向影响企业税负，即环境处罚的频次越多，处罚力度越大，企业承担的税负水平越高。通过对异质性分析发现，环境处罚对企业税负的"税收惩罚效应"主要体现在企业规模较大组和企业外部信息环境较好组。进一步分析发现，环境处罚频次和环境处罚力度对企业整体税负的正向影响主要源于企业税费支付的显著增加，而企业税费返还的下降并不显著。从不同税种的作用来看，环境处罚对企业税负的影响主要源于企业所得税税负的增加。此外，除了企业税费支付和企业所得税税负的增加这两个直接路径之外，企业新增银行借款规模的缩小也间接影响环境处罚和企业税负之间关系的影响机制，即企业新增银行借款的税盾效应在环境处罚和企业税负之间发挥了中介作用。

第三，关于环境处罚对目标企业环境治理的影响分析，本书将环境治理细分为环境治理的过程维度和结果维度，研究发现，环境处罚频次和环境处罚力度均能显著正向影响目标企业的环境治理及其过程维度和结果维度，这表明环境处罚存在特殊威慑效应。通过对异质性分析发现，环境处罚频次和环境处罚力度对企业环境治理及其过程维度和结果维度的促进作用仅在融资约束程度较低组、地区环境污染程度较高组和行业竞争程度较高组显著。进一步分析表明，在环境处罚威慑企业进行环境治理之后，过程维度和结果维度的企业环境治理还显著促进了企业的绿色创新水平，尤其是绿色发明创新。

第四，通过分析环境处罚对其他企业环境治理的影响发现，目标企业的环境处罚频次和环境处罚力度均能显著正向影响其他企业的环境治理及其过程维度和结果维度，这表明目标企业环境处罚具有对其他企业的一般威慑效应，即环境处罚在行业内还具有传染效应。

本书的创新与贡献在于：首先，基于环境处罚的广度和深度层面，从企业新增银行借款和企业税负两个新的视角丰富了环境处罚经济后果的相关文献。既有研究鲜少从政府对企业实施环境处罚的执法角度分析其对企业新增银行借款的影响，更没有文献关注政府实施的环境处罚对企业税负的影响，而本书研究弥补了以往文献的不足，也拓展了企业融资和企业税负的影响因素研究。其次，从企业环境治理的过程和结果双维视角为企业应对环境执法的行为表现提供了新的证据；并且首次基于中国的制度背景分析了环境处罚对目标企业和其他企业的威慑效应，拓展了环境执法效果的相关文献，有助于解释中国政府环境执法推动目标企业和其他企业进行环境治理的重要机制。最后，在数据测量方法上具有创新。本书构建了两大指标体系：一是环境处罚频次和环境处罚力度指标，体现的是环境处罚的广度和深度两个层面；二是企业环境治理指标，包含的是过程维度和结果维度，这些指标能够综合考察环境处罚对企业环境治理的威慑效果，使检验结果更为有效。总之，本书结论为评估政府环境执法的实施效果提供了来自企业微观层面的经验证据，为进一步完善政府、金融机构和税务部门对企业环境治理的多方共治提供了较强的启示意义。

目
录

# 第一章 绪 论

## 第一节 研究背景与研究问题

改革开放 40 多年来，中国经济快速发展，工业化所带来的环境污染问题，不仅给中国的长期可持续发展带来压力，而且也损害了社会稳定，形成公共压力。党的十八大已将生态文明纳入了"五位一体"总体布局，确立了"树立和践行绿水青山就是金山银山的理念"和"坚持节约资源和保护环境的基本国策"。近年来我国政府也加大了对企业环境治理的监管和执法力度，并出台了多项环境管制方面的法律法规和规章制度。例如，2010 年施行的《环境行政处罚办法》、2013 年颁布的《国家重点监控企业污染源监督性监测及信息公开办法》、2015 年施行的新《环境保护法》、2016 年出台的《环境保护督察方案（试行）》以及 2018 年开始施行的新《环境保护税法》等。这些政策不仅包括以促进企业环境合规为主的事前环境立法和执法监督，还有对企业环境违规行为的事后处罚手段和执法依据。其中，2015 年 1 月 1 日起施行的新《环境保护法》对于按日连续处罚的规定以及《环境保护主管部门实施按日连续处罚办法》的实施，意味着按日计罚将成为环境处罚"无上限"的新手段，这些环境处罚措施显然会对部分长期违法排污企业产生极大的威慑效应，并使政府环境执法的力度达到量变级的新高度。

同时，政府环保部门也与原中国银监会、银行业联手，通过构建绿色信贷和绿色金融体系抵御企业环境违法风险，包括 2007 年颁布的《关于落实环境保护政策法规防范信用风险的意见》、2012 年的《绿色信贷指引》和 2015 年实施的《能效信贷指引》等。此外，2018 年 1 月 1 日起施行了新《环境保护税法》，该税法由排污收费制度演变而来，是将税制设计与环境规制相结合，依靠税收的强制性特征，通过税收法规完善环境规制的重大举措。在国家积极并严格进行环境管制、政府与原银监会、银行业以及税务部门等多部门联手布局环境治理的制度背景下，本书探究政府对企业环境违规的行政处罚如何进一步影响企业行为，这对检验政府环境执法效果的有效性具有重要意义，也为进一步完善相关政策提供启示。

为了探究政府环境处罚对企业行为产生的经济后果，本书主要从企业融资、企业税负和企业环境治理等方面进行分析。通过回顾并梳理相关文献，发现六个问题：一是关于环境处罚与企业融资之间的关系，既有文献主要侧重研究企业正面的环境绩效对企业融资成本和融资规模的影响（沈洪涛和马正彪，2014；El Ghoul et al.，2015；邱牧远和殷红，2019），鲜少涉及负面的环境绩效对债务融资的影响（Zou et al.，2017），更没有文献分析企业受到的环境处罚这类"被动曝光"的负面环境绩效对其融资行为的影响，因此政府环境处罚是否为企业融资行为的影响因素，这方面的文献还有待推进。二是关于环境处罚与企业税负之间的关系，现有文献较少将企业税负与环境会计领域相联系并研究其中的关系。曹越等（2017）提出，现有文献并未关注环境规制对公司税负的影响，因此他们首次检验了环境规制对公司税负的影响，发现环境规制强度会显著负向影响企业税负；刘畅和张景华（2020）也检验了企业环境责任承担对企业税负的作用。但这些文献都并未从政府环境执法的视角关注环境处罚对企业税负的影响，因此政府环境处罚是否为企业税负的影响因素，这方面的文献空白还有待填补。三是针对本书中企业环境治理的含义界定，以往文献大多侧重于环境治理某个单一维度的研究，忽视了其多维度特征（Yoo et al.，2017），而本书考虑了环境治理指标内部存在的异质性，借鉴张国清等（2020）的做法，将其划分为过程和结果两个维度，使研究体系更具体、更全面。四是关于政府环境执法和企业环境治理之间关系的文献，主要是在以美国为主的国外背景下进行分析的，大多数研究发现，环境执法能够促进企业合规并降低污染排放（Glicksman and Earnhart，2007；Shimshack，2014）。而国内文献主要是从事前的环保立法和执法监督的角度评价环境规制的效果（王兵等，2017；沈洪涛和周艳坤，2017；于连超等，2019），较少从事后环境处罚的角度分析环境执法的作用。目前国内可能仅有王云等（2020）和徐彦坤等（2020）分析了中国环境处罚的效果，但他们研究的对象和结论与本书却有着较大差异。五是国内外关于环境处罚事后企业行为反应的研究，大多是以环境结果为执法效果的评价导向（Glicksman and Earnhart，2007；Shimshack and Ward，2008），较少研究环境处罚对企业环境治理过程的影响（Prechel and Zheng，2012；王云等，2020），进而忽视了企业改善环境治理的努力程度和过程投入。六是以往大多数文献仅单方面分析环境执法对目标企业的"特殊威慑"（Glicksman and Earnhart，2007；徐彦坤等，2020）或对其他企业的"一般威慑"（王云等，2020），这可能也会低估环境执法对企业环境治理的影响。虽然有极少数文献是基于国外背景分析了环境执法的两种"威慑效应"（Shimshack and Ward，2005；Lim，2016），但其结论却并不一致，因此中国政府环境执法的两种威慑效果还需进一步检验。

鉴于上述既有研究的局限与不足，本书将从政府环境执法角度分析环境处罚对于企业行为的影响，并基于环境处罚的广度和深度层面将环境处罚具体细分为环境处罚频次和环境处罚力度，主要研究以下四个方面的问题：一是环境处罚频次和环境处罚力度如何影响企业新增银行借款？二是环境处罚频次和环境处罚力度如何影响企业税负？三是环境处罚频次和环境处罚力度如何影响目标企业环境治理，该影响在环境治理的过程维度和结果维度如何体现？四是目标企业的环境处罚频次和环境处罚力度如何影响同行业其他企业的环境治理，该影响在环境治理的过程维度和结果维度如何体现？

## 第二节 研究思路与研究框架

本书研究思路如图 1-1 所示：

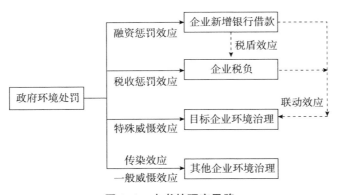

图 1-1 本书的研究思路

基于图 1-1，本书具体的研究思路和研究过程如下：

第一，关于环境处罚与企业新增银行借款之间的关系，由于企业受到政府环境处罚后，银行很可能会增加对这类企业环境风险的感知以及对企业经营风险和偿债能力的关注，并通过限制贷款额度或利率惩罚对其进行负向惩罚，进而对企业再融资规模产生影响。因此，本书先检验环境处罚是否会降低企业新增银行借款，即环境处罚对企业银行借款是否存在"融资惩罚效应"。还将进一步探究影响环境处罚与企业新增银行借款之间关系的异质性因素以及环境处罚对于不同期间和不同贷款期限的银行借款是否会有不同。

第二，关于环境处罚与企业税负之间的关系，本书认为，首先，受到政府环境处罚的企业一旦被税务部门发现，这类企业将不再享受诸多税收优惠政策，例如，不再享受增值税即征即退政策，还需补缴已减免的企业所得税税款等，这会直接导致企业整体税负增加。此外，企业新增银行借款规模的下降也会减弱债务"税盾效应"，间接导致企业税负增加。其次，检验环境处罚是否会增加企业税负，即环境处罚对企业税负是否存在"税收惩罚效应"，并验证债务"税盾效应"的中介效应路径。最后，还将进一步探究影响环境处罚与企业税负之间关系的异质性因素，并对企业税费支付和税费返还以及不同税种的税负进行区分检验，旨在分析企业税负变化的主要来源。

第三，关于环境处罚和目标企业环境治理之间的关系，本书认为，一方面，环境处罚可能对目标企业产生特殊威慑效应，即通过负向激励促使目标企业进行环境治理；另一方面，环境处罚本身的特殊威慑效应也可能与其引发的"融资惩罚效应"和"税收惩罚效应"形成联动效应共同促进目标企业的环境治理。接着检验环境处罚对于目标企业环境治理的影响，包括对环境治理过程维度和结果维度的影响。还将进一步探究影响环境处罚与企业环境治理之间关系的异质性因素以及环境处罚之后目标企业进行环境治理取得的效果，即针对环境治理对企业绿色创新产出的影响进行拓展性分析。

第四，关于环境处罚和其他企业环境治理之间的关系，本书认为，当目标企业受到环境处罚后，这些处罚信息会在同行业内传递"威胁信号"，增加行业环境风险，也迫使同行业其他企业的环境违规成本和处罚风险感知不断上升。因此为了探究环境处罚能否发挥一般威慑效应，检验环境处罚对于行业内除了目标企业之外的其他企业环境治理的影响，包括对环境治理过程维度和结果维度的影响，即检验环境处罚在同行业中是否存在传染效应。

本书之所以选择这四种企业行为作为研究切入点，是因为这四种行为会同时受到环境处罚的影响，与环境处罚的联系最为紧密，而且这四种行为之间也互相有联系或影响。具体而言，环境处罚的融资惩罚效应、税收惩罚效应和特殊威慑效应是环境处罚对企业行为的直接影响路径。税盾效应和联动效应是环境处罚对目标企业行为的间接影响路径，而一般威慑效应，即传染效应是环境处罚对其他企业行为的间接影响路径。可见，环境处罚与这四种企业行为之间可以构成一个比较完整的研究框架。

本书内容主要由八章构成，具体结构如下，技术路线如图 1-2 所示：

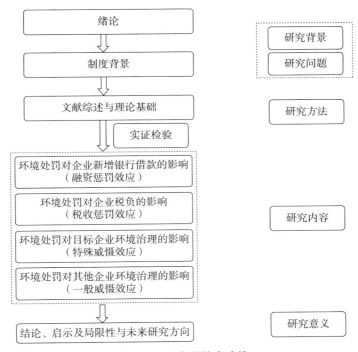

图 1-2 本书的技术路线

第一章为绪论。阐述研究背景、研究问题、研究思路和研究贡献。

第二章为制度背景。阐述我国的环境管制制度背景、绿色信贷政策和环保产业税收优惠政策。

第三章为文献综述与理论基础。首先对相关文献进行回顾和梳理，总结了既有研究进展和研究不足。其次介绍了相关的理论基础，包括制度理论、利益相关者理论、声誉理论和威慑理论等，为下文的理论分析提供依据。

第四章为环境处罚对企业新增银行借款的影响。本章从环境处罚频次和环境处罚力度两个方面，探究了环境处罚对企业新增银行借款的影响，并进一步检验了影响环境处罚与企业新增银行借款之间关系的异质性因素以及环境处罚对不同时期和不同贷款期限的银行借款的影响。

第五章为环境处罚对企业税负的影响。本章从环境处罚频次和环境处罚力度两个方面，探究了环境处罚对企业税负的影响，并进一步检验了影响环境处罚与企业税负之间关系的异质性因素以及债务税盾效应的中介路径，还区分了环境处罚对企业税费支付和税费返还的不同影响以及对所得税税负和增值税税负的不同影响。

第六章为环境处罚对目标企业环境治理的影响。本章从环境处罚频次和环境处罚力度两个方面，探究了环境处罚对于目标企业环境治理及其过程维度和结果维度的特殊威慑效应。并进一步检验了影响环境处罚与目标企业环境治理之间关系的异质性因素，还拓展性地分析了环境治理对企业绿色创新产出的影响。

第七章为环境处罚对其他企业环境治理的影响。本章从环境处罚频次和环境处罚力度两个方面，探究了目标企业的环境处罚对于同行业其他企业环境治理及其过程维度和结果维度的一般威慑效应。

第八章为结论、启示、局限性与未来研究方向。本章总结了前文的研究结论，指出研究局限和不足之处以及未来的研究方向。

# 第三节　主要创新与贡献

本书可能的贡献有以下五点：

第一，基于环境处罚的广度和深度层面，从企业新增银行借款的视角丰富了环境处罚经济后果的相关文献。既有研究主要侧重研究企业正面的环境绩效对企业融资成本和融资规模的影响，鲜少涉及负面的环境绩效对债务融资的影响，更没有文献分析企业受到的环境处罚这类"被动曝光"的负面环境绩效对其融资行为的影响。而本书结合我国的环境执法制度和绿色信贷政策背景，分析了政府对企业实施的环境处罚对企业新增银行借款的影响，弥补了以往研究的空缺，也拓展了企业融资行为的影响因素研究。

第二，从企业税负的新角度出发拓展了环境处罚经济后果的相关研究。现有文献较少将企业税负与环境会计领域相联系，也并未关注环境执法对企业税负的影响，而本书分析政府环境处罚对企业税负的影响，既填补了这方面的研究空白，也丰富了企业税负在环境会计领域的影响因素。

第三，从企业环境治理过程和治理结果的双维视角为环境处罚的特殊威慑和一般威慑后果提供了新的证据。以往文献多是以环境结果为执法效果的评价导向，而本书同时侧重环境治理的过程维度和结果维度，对既有文献进行了补充，并且首次基于中国的制度背景同时分析了环境处罚对目标企业的特殊威慑效应和对其他企业的一般威慑效应，拓展了环境执法威慑效果的相关文献。

第四，数据测量方法的创新。以往文献对政府环境执法和企业行为反应的衡量都较为片面，这可能会低估环境执法的效果和企业环境行为的改善程度。而本书构建了两大指标体系：一是环境处罚频次和处罚力度指标，体现的是环境处罚的广度和深度两个层面；二是企业环境治理指标，包含的是过程维度和结果维度，这些指标能够综合考察环境处罚对企业环境治理的威慑效果，使检验结果更为有效。

第五，本书结论为评估政府环境执法的实施效果提供了来自企业微观层面的实践数据，对进一步完善政府、金融机构和税务部门对企业环境治理的多方共治有较强的启示意义。

# 第二章　制度背景

## 第一节　政府环境管制制度

我国政府部门连续多年在环境保护和环境管制方面制定并颁布了诸多规章制度。

首先，在政府环境立法层面上，2011年实施的《"十二五"全国环境保护法规和环境经济政策建设规划》旨在指导和推进全国环境保护法规和环境经济政策的制定与实施，2013年印发并于2014年执行的《国家重点监控企业污染源监督性监测及信息公开办法》旨在加强污染源监督性监测，推进污染源监测信息公开，进而为开展环境执法和环境管理提供重要依据。2015年出台的《生态文明体制改革总体方案》阐明了我国生态文明体制改革的指导思想、理念、原则、目标、实施保障等重要内容，为我国生态文明领域改革作出了顶层设计。2014年修订并于2015年施行的《中华人民共和国环境保护法》进一步明确了政府对环境保护监督管理职责，完善了生态保护红线等环境保护基本制度，强化了企业污染防治责任，加大了对环境违法行为的法律制裁，被称为"史上最严"的环境保护法。2016年通过并于2018年施行的《中华人民共和国环境保护税法》，是我国第一部专门体现"绿色税制"、推进生态文明建设的单行税法，规定将过去征收的排污费改为征收环境保护税。2018年通过并于2019年施行的《环境影响评价公众参与办法》鼓励公众参与环境影响评价，极大地调动了公众保护环境的积极性和主动性。

其次，在政府环境执法层面上，2009年通过并于2010年施行的《环境行政处罚办法》规范了环境行政处罚的实施，并规定环境行政处罚的种类包括：警告；罚款；责令停产整顿；责令停产、停业、关闭；暂扣、吊销许可证或其他具有许可性质的证件；没收违法所得、没收非法财物；行政拘留；法律、行政法规设定的其他行政处罚种类。这些环境行政处罚即是本书中的政府环境处罚手段，这些手段都归属于环境行政执法的层面①。2015 年开始施行的新《环境保护法》又对环境处罚严厉程度和标准均做了调整，规定将"以日计罚"制度与"限期治理"挂钩，授予环境保护部门查封、扣押等执法权力，其中，对于"按日连续处罚"的规定以及 2015 年实施的《环境保护主管部门实施按日连续处罚办法》，意味着按日计罚将成为环境处罚"无上限"的新手段。这些环境处罚措施显然会对部分长期违法排污企业产生极大的威慑效应，并使政府环境执法的力度达到量变级的新高度。

最后，在环境执法的监督层面，2016 年审议通过的《环境保护督察方案（试行）》是中国环境监管模式的一次变革，从查企转为督政，环保的主体责任落实到党政部门，督察结果还将作为领导干部考核、评价、任免的重要依据。此外，2017 年中央生态环境保护督察办公室的成立，意味着环保督察工作进一步升级完善，中央环保督察常态化格局基本形成，问责手段越来越严厉，倒逼着地方政府更加重视环保、积极整改。

总之，这些立法和执法的规章制度都表明国家要用最严格的制度和最严密的法治保护生态环境，并且也已形成比较完善的立法、执法和执法监督的环境管制体系。无疑，这些环境管制体系中的任何一个环节都必不可少，如果仅依赖环境立法来要求企业进行环境治理，而缺少环境执法和环境执法监督，那么环境规制并不能发挥较大的"威慑"效果。而环境执法政策可能直接导致企业在环保方面的违规成本大幅提高，尤其是对于一些依赖污染来换取低成本增长的企业。在新《环境保护法》中还规定了要"明确企业环境保护主体责任"，加大了对违法排污企业和当地政府的惩治力度。所以在环境执法的制度背景下，政府对于违规企业的环境处罚加大了环境管制压力，将会对企业环境治理产生较强的"威慑效应"。

# 第二节　绿色信贷政策

近年来，我国政府环保部门、原中国银监会和银行业出台了多项指导性文件，旨在构建绿色信贷和绿色金融体系。2007 年原国家环境保护局、中国人民银行、中国银行业监督管理委员会联合发布了《关于落实环境保护政策法规防

---

① 环境行政执法手段包括环境行政确认、环境行政许可、环境行政裁决、环境行政合同、环境行政处罚、环境行政强制措施与环境行政强制执行、环境行政征收、环境行政补偿与环境行政赔偿、环境行政指导等。因此，环境行政处罚是环境行政执法手段中的其中一个。

范信用风险的意见》，首次提出绿色信贷政策可以作为保护环境、降低能源消耗和污染排放的重要市场手段，标志着绿色信贷政策的正式实施。绿色信贷主要包括两个核心内容：一是激励，通过贷款支持、优惠利率等信贷措施支持环保企业或项目；二是惩罚，通过限制贷款额度或利率惩罚等方式对一般污染企业实施惩罚，要求各商业银行要将公司环保守法情况作为审批贷款的必备条件之一，对违反环境保护的严重污染企业或项目，采取暂停贷款或提前收回贷款等信贷处罚措施。总之，银行通过使用激励和惩罚措施，将信贷资金从污染企业抽出，注入环保企业中去，对社会资本形成良好的示范效用。

2012年出台的《绿色信贷指引》进一步明确了银行业绿色信贷的标准和原则，其中还规定银行业金融机构应当有效识别、计量、监测、控制信贷业务活动中的环境和社会风险，建立环境和社会风险管理体系，完善相关信贷政策制度和流程管理。2015年印发的《能效信贷指引》鼓励银行业金融机构为用能单位提高能源利用效率、降低能源消耗提供信贷资金，引导更多金融机构进入绿色信贷领域。2016年印发的《关于构建绿色金融体系的指导意见》强调大力发展绿色信贷是建立绿色金融体系的主要内容。2017年发布的《中国银行业绿色银行评价实施方案（试行）》细化了《绿色信贷指引》等的监管要求，规范了银行机构绿色信贷工作。2018年发布的《关于开展银行业存款类金融机构绿色信贷业绩评价的通知》继续引导银行业存款类金融机构加强对绿色环保产业的信贷支持。

综上所述，自2007年以来，国家政府部门、原银监会和银行业已基本建立了以《绿色信贷指引》为核心的绿色信贷制度框架。国内各主要商业银行和金融机构也已建立了绿色信贷和绿色授信政策，对高污染、高排放的行业执行了严格的准入制度（中国工商银行绿色金融课题组，2016）。在绿色信贷政策的制度背景下，如果企业面临政府环境处罚，这将会严重影响商业银行和金融机构对企业融资过程中的贷款审批，降低银行业等外部债权人的借款意愿，导致企业融资成本增加以及融资规模受限。因此，被政府实施环境处罚的企业可能会面临"融资惩罚效应"。

## 第三节　环保产业税收优惠政策

我国环保产业包括三部分：环保技术与设备（产品）、环境服务和资源综合利用。实施环保产业税收优惠政策是充分发挥税收经济杠杆功能作用、推动环保产业发展、支撑经济高质量发展和生态环境高水平保护的重要举措。

根据我国现行的税制体系，环保产业税收优惠政策包括多种方式，例如，免税、即征即退、税收抵免、税收减免、加计扣除、减计收入、加速折旧和低税率等。其中，对于不同的环保产业和不同的税种，环保产业税收优惠的方式也有所不同。具体的税收优惠政策及其内容如表2-1所示：

表2-1　环保产业现行税收优惠政策汇总

| 产业类型 | 主要环节 | 现行税收优惠政策及内容 | | |
|---|---|---|---|---|
| | | 增值税 | 所得税 | 其他（关税、环境税、资源税等） |
| 环保技术与装备 | 研发 | 技术研发创造的收入免征 | ①技术型中小企业研究开发费用享受税前加计扣除；②产品更新换代较快和处于强震动、高腐蚀状态的固定资产可以缩短折旧年限或采取加速折旧 | — |
| | 转让 | — | 技术转让收入500万元以内免税；超过500万元减半 | — |
| | 购买 | 企业购进或自制固定资产发生的进项税额，可凭相关凭证从销项税额予以抵扣 | ①用设备企业享受投资额10%所得税抵免；②新购进设备、器具单位价值不超过500万元，允许一次性计入当期成本在应纳税所得额中扣除 | — |
| | 进口 | 重大技术设备及其关键零部件、原材料进口免征增值税 | — | 重大技术设备及其关键零部件、原材料进口免征关税 |
| 环境服务 | — | ①技术服务创造的收入免增值税；②污水、垃圾、污泥处理处置劳务即征即退70% | 污水、垃圾处理、沼气利用等企业享受"三免三减半"优惠 | 污水、垃圾处理达标暂予免征环境税；国家财政部门拨付事业经费的单位自用的土地免缴土地使用税 |
| 资源综合利用 | — | ①利用废渣、工业废气、农作物秸秆剩余物发酵产生沼气，生产的工业产品即征即退70%；②销售再生水，工业废物生产新型建筑材料，废旧轮胎生产翻新轮胎、胶粉等即征即退50%；③电子废物拆解、利用，废催化剂、电解废物、电镀废弃物等冶炼提取等即征即退30% | 废旧资源作为主要原材料的企业产品所取得收入，减按90%计入当年收入总额 | ①废石、尾矿、废渣、废水、废气等利用提取的矿产品免资源税；②综合利用的固体废物达标的暂予免征 |

续表

| 产业类型 | 主要环节 | 现行税收优惠政策及内容 | | 其他（关税、环境税、资源税等） |
|---|---|---|---|---|
| | | 增值税 | 所得税 | |
| 其他 | — | — | ①高新企业 15%；西部鼓励类产业 15%；从事污染防治的第三方企业减按 15%税率优惠政策；②创业投资企业和个人享受税收抵减优惠政策；③个人所得税奖金和股权免税 | — |

资料来源：北极星环保网。

　　上述政策表明，企业因环境友好享有税收优惠政策，一旦企业发生环境违规或受到政府的环保处罚，将会对企业的诸多税收优惠政策产生重大负面影响①，其中最重要的就是企业所得税和企业增值税。一般而言，就企业所得税而言，满足环境友好型的分类条件即可享受减征或免征的税收优惠，不满足条件将不享受减征或免征的税收优惠。而企业增值税的税收措施同时包括减免和处罚两个模块，这是目前特定税法中企业出现环境问题明确有处罚政策的一个税种。增值税优惠政策的要求非常明确，达标则减免，超标处罚则追缴，且三年内不可申请减免，可见增值税的处罚力度超过其他税项。

　　在环保产业税收优惠政策的制度背景下，如果企业面临政府环境处罚，这将会严重影响税务部门对企业是否满足环境友好型分类条件的评估，进而对企业享有的税收优惠政策产生不利影响。这些不利影响可能包括不再享受所得税的减征或免征的税收优惠，三年内不可申请减免增值税的税收优惠，且要追缴往期已经享受的增值税优惠。总体而言，环境处罚对企业整体税负会产生较大的负面影响，被政府实施环境处罚的企业可能会面临"税收惩罚效应"。

---

　　①　通过对一些理论分析和实际案例可知，如果上市公司旗下的子公司涉及环保产业，那么子公司享受的税收优惠政策也会对上市公司的整体税负产生影响。如冀东水泥和杭钢股份这样的重污染行业上市公司也会受到环保产业税收优惠政策的影响，资料来源：https://baijiahao.baidu.com/s? id = 1670180459250684739&wfr=spider&for=pc。

# 第三章 文献综述与理论基础

## 第一节 文献综述

### 一、企业债务融资的影响因素

企业银行借款行为属于企业债务融资行为，其影响因素可以归纳为两大类：一是企业外部制度环境，二是企业内部自身特征。

#### （一）企业外部制度环境

既有文献发现利率市场化（Faulkender and Petersen，2006；Lemmon and Roberts，2010；张伟华等，2018）、地区市场化水平（孙铮等，2005）、政府干预（黎凯和叶建芳，2007）、社会信任和政企关系（张敦力和李四海，2012）等制度因素会影响企业债务融资行为。例如，Giannetti（2003）认为，良好的制度环境能够缓解企业在贷款过程中的代理问题，Sapienza（2004）发现，国有银行提供贷款时要求的利率较低，并且金融市场供给面因素也会影响企业融资决策（Faulkender and Petersen，2006；Lemmon and Roberts，2010），利率市场化进程的推进能够降低上市公司债务融资成本（张伟华等，2018）。孙铮等（2005）发现，地区市场化程度越高，企业获得长期债务的比重越低，黎凯和叶建芳（2007）发现，政府层级不同导致政府干预，政府干预对债务融资的影响也存在区别。张敦力和李四海（2012）发现，社会信任与政治关系之类的社会资本对于民营企业获取银行贷款能够发挥工具性效用。

此外，与本书制度背景相关的绿色金融政策和减税激励政策也会影响企业融资行为。例如，有学者发现绿色信贷政策实施后，污染企业的长期贷款明显下降（Wang and Zhu，2017），重污染企业的有息债务融资和长期负债都显著下降（苏冬蔚和连莉莉，2018），类似地，"两高"企业的新增银行借款也明显减少（蔡海静等，2019）。对于减税政策，王伟同等（2020）发现，减税政策降低了企业债务负担，缓解了融资约束。

## （二）企业内部自身特征

既有文献发现产权性质（孙铮等，2006；江伟和李斌，2006）、会计质量（Francis et al.，2005；Bharath et al.，2008）、债务契约设计（Spiceland et al.，2016）、内部控制质量（陈汉文和周中胜，2014）、股东股权质押（高伟生，2018；唐玮等，2019；翟胜宝等，2020）、企业声誉（叶康涛等，2010；朱沛华，2020）、精准扶贫行为（邓博夫等，2020）等因素会影响企业融资。例如，孙铮等（2006）发现，国有企业的会计信息在债务契约中的作用要小于私有企业，江伟和李斌（2006）发现，相对于民营企业，国有企业能获得更多的长期债务融资。在会计质量和债务契约设计方面，有学者发现较差的会计质量可能导致更高的利率或更严格的其他非价格类（如到期和抵押）债务合同条款（Francis et al.，2005；Bharath et al.，2008），而 Spiceland 等（2016）发现，债务契约设计，例如门槛严密性、契约频率、契约相互依存性和整体契约严密性会降低较差会计质量对私人借贷市场债务成本的负面影响，但财务报告质量在降低债务成本方面比严格的债务契约更为重要。陈汉文和周中胜（2014）从内部控制的角度发现，企业内部控制质量越好，所获取的银行债务融资成本越低。此外，控股股东股权质押也是影响企业债务融资的因素，有研究发现，大股东股权质押会减小企业获得的银行贷款数量（高伟生，2018）；控股股东股权质押会强化企业融资约束水平（唐玮等，2019）；翟胜宝等（2020）进一步发现，控股股东股权质押对银行贷款约束的正向影响具体表现为企业需要支付更高的贷款利率，所获得的贷款金额更小、期限更短，更有可能需要提供贷款抵押担保。还有研究从声誉的角度发现，民营公司最终控制人的声誉越差，下一年债务融资规模越低（叶康涛等，2010），朱沛华（2020）也发现，企业负面声誉会缩小企业的融资规模，从企业融资结构的角度来看，负面声誉冲击主要降低了公司长期贷款与发行债券的融资能力，并促使企业转向成本更高的租赁融资与短期贷款融资。邓博夫等（2020）从企业参与精准扶贫的角度分析发现，参与精准扶贫的行为会显著降低企业融资约束。

此外，在环境会计领域能够影响企业债务融资行为的因素是企业环境绩效、环境信息披露和企业环境违规行为（Schneider，2008；沈洪涛和马正彪，2014；

叶陈刚等，2015；El Ghoul et al.，2018；Zou et al.，2017；邱牧远和殷红，2019）。研究表明，银行会将企业环境风险考虑在贷款决策中（Thompson and Cowton，2004；Weber et al.，2008），对于环境绩效较差的企业，由于这类企业未来将面临污染治理所带来的巨额环境负债，债权人会要求更高的报酬率以补偿环境风险（Schneider，2008）。沈洪涛和马正彪（2014）是第一个基于中国市场研究了企业环境表现与债务融资之间的关系的，他们发现企业环境绩效与新增贷款的数量和期限存在显著的正相关关系，邱牧远和殷红（2019）发现，环境、公司治理表现较好企业的融资成本也会显著降低。Zou 等（2017）发现，企业环境违规行为会降低贷款融资水平，涉及废水排放的违规公告发布后，企业还要被迫接受担保贷款。

综上所述，尽管企业债务融资的影响因素涉及多个层面，但在企业环境治理方面的影响因素研究还比较有限。目前既有文献主要侧重研究企业正面的环境绩效对企业债务融资成本和融资规模的影响，较少涉及企业负面的环境绩效对债务融资的影响，更没有文献分析企业受到政府环境处罚这类"被动曝光"的负面环境绩效对于债务融资行为的影响。虽然 Zou 等（2017）从负面环境绩效的角度分析了企业环境违规对于贷款融资的影响，但他们侧重的是企业是否有环境违规行为，而不是企业违规后所受的政府环境处罚，这两个概念并不能等同。因此政府环境处罚是否会成为企业再融资行为的影响因素，这方面的文献还有待进一步研究。

## 二、企业税负的影响因素

企业税负的影响因素可以归纳为两大类：一是企业面临的外部影响因素，二是企业内部特征的影响因素。关于企业税负的外部影响因素，可以从政府行为和制度环境两方面进行分析，关于企业内部特征的影响因素，可以从企业财务与非财务特征两方面进行分析。

### （一）在政府行为方面

财政分权体制和地方政府税征强度（曹书军等，2009）、地方政府债务（杨华领和宋常，2015）、财政职权（贾俊雪和应世为，2016；范子英和赵仁杰，2020）、地方政府政绩诉求（曹越等，2017）等因素也会影响企业税负。例如，曹书军等（2009）发现，公司税负与地方政府税政强度正相关，与政府干预指数负相关；杨华领和宋常（2015）发现，地方政府债务会显著正向影响辖区内上市公司税负；贾俊雪和应世为（2016）发现，财政收支分权对企业有效平均税率具有非对称影响，即收入分权会加大企业税收激励，而支出分权则会削弱企业税收激励；范子英和赵仁杰（2020）分析了收入和支出端的财政职权对县级政府征税努力和企业实际税负的影响，发现撤县设区弱化了县级政府征税努力，显著降低了区县政府管辖范围内的企业所得税实际税率。曹越等（2017）发现，地方政府政绩诉求会影响公司的政府补助，政府补助进而可以显著降低公司整体税负水平。

## （二）在制度环境方面

产业政策（Kim et al.，1998；Derashid and Zhang，2003）、地区市场化水平、政府治理水平和法治化水平（刘慧龙和吴联生，2014）、金融发展水平（刘行和叶康涛，2014）、市场化程度（刘凤委等，2016）、最低工资标准制度（刘行和赵晓阳，2019）、政策不确定性和税收征管强度（陈德球等，2016）、地方政府经济竞争程度和财政压力（詹新宇和王一欢，2020；李文等，2020）、企业所得税法改革（Richardson and Lanis，2007；李增福和徐媛，2010；潘孝珍，2013）、所得税优惠政策（吴联生和李辰，2007）和"营改增"税收政策（童锦治等，2015；曹越等，2017；范子英和彭飞；2017）等因素也会影响企业税负。例如，良好的制度环境会正向影响企业税负（刘慧龙和吴联生，2014），金融发展水平也会显著提升企业的所得税负（刘行和叶康涛，2014）。刘凤委等（2016）发现，在市场化程度越低的地区，公司纳税波动更大，税负与业绩基本面的偏离度更大。在地方政府经济竞争程度和财政压力方面，詹新宇和王一欢（2020）发现，地方政府所面临的经济竞争程度越激烈，其辖区内上市公司的实际税负越低，李文等（2020）发现，地方财政压力会导致企业所得税有效税率显著升高。在政策变动方面，由地区核心官员变更导致的政策不确定性和最低工资标准的上涨都会加剧企业避税（刘行和赵晓阳，2019；陈德球等，2016）。李增福和徐媛（2010）及潘孝珍（2013）发现，2008年《中华人民共和国企业所得税法》的实施，会导致企业所得税税负有所降低。此外，关于"营改增"税收政策，童锦治等（2015）发现，企业的名义流转税税负在"营改增"后上升，而曹越等（2017）发现，"营改增"对试点公司所得税税负无显著影响，范子英和彭飞（2017）发现，虽然企业税负没有明显下降，但"营改增"在具备产业互联的企业中产生了明显的减税效应和分工效应。

## （三）在企业财务特征方面

企业规模（Omer et al.，2001；王延明，2003）、财务杠杆（Richardson and

Lanis，2007）、存货密集度和资本密集度（Adhikari et al.，2006；Richardson and Lanis，2007）、成长机会和盈利能力（Zimmerman，1983；Spooner，1986）、财务约束（Edwards et al.，2016）等因素会影响企业税负。但由于企业行为的复杂性，企业财务方面的诸多特征与企业税负的关系没有取得一致结论。

例如，在企业规模方面，基于 Siegfried（1974）政治影响假说的观点，大公司有更多的资源进行税收筹划与政治游说，因而实际税收负担较低，对此，有较多学者也证明了企业规模与企业税负负相关（Omer et al.，1993；Tran，1998；Limpaphayom，1998；Derashid and Zhang，2003；Richardson and Lanis，2007；Miao et al.，2009）。而基于 Zimmerman（1983）政治成本假说的观点，大公司受到公众关注度程度高，实际税收负担也会越大，对此，也有较多学者证明了企业规模与企业税负正相关（Hanlon et al.，2010；吴联生，2009）。此外，还有学者发现企业规模与企业税收负担并不存在显著关系（Gupta and Newberry，1997；Shevlin and Porter，1992）。在企业财务杠杆方面，由于负债利息可以税前扣除，理论上，资产负债率越高，企业实际税率就会越低，也有很多学者支持该观点（Stickney and Mcgee，1982；Richardson and Lanis，2007；Miao et al.，2009），但 Derashid Zhang（2003）发现，企业财务杠杆与实际税率并不存在显著关系。对此，Gupta 和 Newberry（1997）以及 Adhikari 等（2006）发现，由于计算企业实际税率的方法不同，企业财务杠杆与实际税率之间会表现出不同关系。在企业存货密集度和资本密集度方面，有学者发现存货密集度与企业有效税率呈正相关（Gupta and Newberry，1997；Richardson and Lanis，2007），也有学者发现两者不存在显著关系（Adhikari et al.，2006）。类似地，有学者发现资本密集度与企业有效税率呈负相关（Adhikari et al.，2006），也有学者发现两者不存在显著关系（Miao et al.，2009）。在企业盈利能力方面，其对企业税负的研究结论也并不完全一致，Zimmerman（1983）和 Spooner（1986）发现，企业实际有效税率与盈利能力正相关，而 Adhikari 等（2006）发现，企业有效税率与总资产报酬率显著负相关。对此，Derashid 和 Zhang（2003）认为，两者之间的不同关系与企业实际有效税率的计算方法有关。

### （四）企业非财务特征方面

企业所有权性质（Derashid et al.，2003；Derashid and Zhang，2003；Desai and Dharmapala，2008；吴联生，2009；Chen et al.，2010）、股权结构（Adhikari et al.，2006；吴联生，2009）、公司治理（李万福和陈晖丽，2012；吕伟和李明辉，2012）、政企关系（Adhikari et al.，2006；吴文锋等，2009；罗

党论等，2013；范子英和田彬彬，2016）、管理层（Phillips，2003；Desai et al.，2007；Peyer et al.，2016；赵纯祥等，2019）、社会责任信息披露（邹萍，2018）、企业风险管理项目（Eastman et al.，2020）、薪酬激励（Rego and Wilson，2012；Armstrong et al.，2015）、董事会风险监督（Beasley et al.，2020）、高管个人特征（Dyreng et al.，2010；Chyz，2013）等因素也会影响企业税负。

例如，在股权结构方面，Derashid 和 Zhang（2003）认为，国有股比例越高，企业实际税收负担越小，吴联生（2009）却发现，公司国有股权比例与其实际税率呈正相关；Bradshaw 等（2019）也发现，国有企业税负高于非国有企业；但 Miao 等（2009）发现股权结构与企业税负并不存在显著相关性，可见其研究结论并不一致。在公司治理方面，研究发现内部控制质量与企业税负呈负相关（李万福和陈晖丽，2012）。在政企关系方面，Adhikari（2006）发现，有政治关系的公司比其他公司的实际税率要低得多。罗党论等（2013）、范子英和田彬彬（2016）发现，上市公司的政治关系显著降低了公司的实际税负，当公司与从事税收筹划银行存在建立关系时，其税收负担也会显著降低（Gallemore et al.，2019）。在管理层方面，研究发现管理层激励程度越大，企业实际税负越低（Phillips，2003；吕伟和李明辉，2012）；而 Desai 和 Dharmapala（2006）以及 Desai 等（2007）却发现管理层薪酬激励程度和企业避税之间呈负相关，即管理层薪酬激励越大，企业税负越高。赵纯祥等（2019）从管理层的背景角度，发现具有税收征管经历背景的独立董事可以显著降低上市公司实际税负。邹萍（2018）从非财务信息披露的角度，发现企业社会责任信息披露及披露质量与企业实际税负负相关，这种关系解释了企业"言行不一"的行为，即企业明面上在积极主动地披露社会责任信息，暗地里却在从事避税行为。此外，具有企业风险管理项目的公司有较低的现金有效税率，而且企业避税的可能性更低（Eastman et al.，2020）。

值得注意的是，现有文献很少将企业税负与环境会计领域相联系并研究其中的关系，国内外相关的文献也非常有限。曹越等（2017）提出，现有文献并未关注环境规制对企业税负的影响，因此他们首次检验了环境规制对企业税负的影响，结果发现环境规制强度增加会导致企业税负显著下降。刘畅和张景华（2020）实证检验了企业环境责任承担对企业税负的作用效应，发现企业承担更多的环保责任有助于减轻自身税负水平。但现有文献仍并未从环境执法的视角关注环境处罚对企业税负的影响，因此政府环境处罚是否会成为企业税负的影响因素，这方面的文献空白还有待填补。

## 三、企业环境治理及其影响因素

限于企业层面的环境数据难以获得，针对企业环境治理相关的概念界定和指标衡量，既有文献尚未形成统一的标准，例如，以往文献经常对环境治理、环境绩效、环境表现和环境管理等概念的界定和表述混淆不清（张国清等，2020），大多文献还仅侧重某概念下的单一维度，较少考虑指标内部存在的异质性。而且相比环境治理，既有文献采用较多的是环境绩效这个概念，同时也更侧重于环境绩效的结果层面，对此，Guenther 和 Hoppe（2014）认为，环境绩效指标并不是单一维度的，它具有多维度的异质性特征，不能仅侧重环境绩效而忽略了对环境行为的区分（Yoo et al.，2017）。虽然有学者将环境绩效分为过程和结果两个维度（Delmas et al.，2013；Misani and Pogutz，2015）以及环境管理绩效和环境经营绩效两个维度（Trumpp et al.，2015），但他们是侧重环境绩效，研究其不同维度对于企业财务绩效的经济后果，与本书研究问题不同。

针对企业环境治理（绩效）的影响因素，以往文献主要是从外部动因和内部动因展开研究。

### （一）企业环境治理（绩效）的外部动因

外部动因主体包括政府（Leiter et al.，2011；包群等，2013；唐国平等，2013；颉茂华等，2014；王兵等，2017）和政府官员（梁平汉和高楠，2014；王红建等，2017；张琦等，2019；胡珺等，2019；陈秋平等，2019）、社会规范（Hong and Kacperczyk，2009；李培功和沈艺峰，2011；曾泉等，2018）、媒体（王云等，2017）、非营利组织（Hartmann and Uhlenbruck，2015）和机构投资者（Dyck et al.，2019；Erhemjamts and Huang，2019）等因素。

例如，Leiter 等（2011）认为，政府环境规制可以引导企业对环境技术进行投资；王红建等（2017）从政府官员的角度分析了省级官员任期考核与五年规划目标考核对企业环境治理的影响，发现企业环境投资整体上呈现显著的五年规划周期性规律，而官员任期周期性规律不显著；胡珺等（2019）发现，企业环境治理具有随环保厅长变更年份而变化的政治周期性；张琦等（2019）以《环境空气质量标准（2012）》的实施为准自然实验，研究了地方官员动机、高管工作经历和企业环保决策之间的关系，发现实施新标准后，高管具有公职经历企业的环保投资提升程度显著高于其他企业。另外，社会规范在治理环境污染方面发挥了重要的作用，Hong 和 Kacperczyk（2009）发现，相比于共同基金或对冲基金这类自然套利者，养老基金这类受社会规范约束的机构投资者更少持有污染行业的公司股票，污染类公司也较少被分析师跟踪；曾泉等（2018）发现，处于宗教氛围越浓厚地区的公司，开展节能减排的成效越好，表明宗教社会规范也能够约束污染行业公司节能减排。并且媒体关注也会显著增加企业环保投资，表明媒体关注起到了公司治理的作用，与环境规制共同促进了企业环保行为的改变（王云等，2017）。Hartmann 和 Uhlenbruck（2015）发现，公司所在国家的市场自由度、活跃在该国的非政府组织和新闻自由程度也能够驱动企业环境绩效。在机构投资者方面，Dyck 等（2019）发现，机构投资者对公司环境绩效和社会绩效具有正向影响，而 Erhemjamts 和 Huang（2019）通过检验社会责任中的各个子维度，发现长期机构投资者对环境维度的正向影响并不显著。

### （二）企业环境治理（绩效）的内部动因

就内部动因而言，企业家的家乡认同（胡珺等，2017）、公司的治理结构（Shive and Forster，2020）、股东（Goodstein and Butterfeld，2010）、管理层支持（李怡娜和叶飞，2013）和企业出口行为（刘啟仁和陈恬，2020）等因素也会影响企业环境治理。例如，胡珺等（2017）发现，高管的家乡认同对企业环境治理行为具有积极的推动作用；Shive 和 Forster（2020）发现，相比于公有企业，独立的私有企业污染更少，被环保处罚的可能性也更低；李怡娜和叶飞（2013）发现，高层管理支持对环保创新实践也有显著的正向影响，且环保创新实践显著正向作用于企业的环境绩效。此外，刘啟仁和陈恬（2020）发现，企业出口行为并没有显著提升其环境绩效，因为出口会造成中国企业二氧化碳排放强度显著增大。

### （三）实施环境处罚的主体——政府动因

在上述因素中，与实施环境处罚的主体相关的影响动因是政府。研究表明，政府环境管制是企业环境行为的主要驱动力（Porter and Van der Linde，1995；吉利和苏朦，2016；Wang et al.，2018；陈羽桃和冯建，2020），而环境管制可分为环境立法和环境执法两个层面。在立法层面，李蕾蕾和盛丹（2018）认为，环境立法是解决环境外部性问题的重要手段，颉茂华等（2014）也发现，环境规制对重污染企业的环保研发投入有一定的促进作用；齐绍洲等（2018）发现，排污权交易试点政策能够诱发试点地区污染行业内企业的绿色创新活动；李青原和肖泽华（2020）则考察了异质性环境规制工具对企业绿色创新的激励作用，发现排污收费这一环境规制工具"倒逼"了企业绿色创新能力，而环保补助这一环境规制工具却"挤出"了企业绿色创新能力；王晓祺等（2020）发现，2015年1月1日施行的新的《中华人民共和国环境保护法》政策也能"倒逼"重污染企业进行绿色创新。总之，大多数文献均支持环境管制在立法层面能够对企业环境绩效和绿色创新产生正向影响。此外，也有学者研究了环境执法监督的效果，沈洪涛和周艳坤（2017）发现，环保约谈通过影响企业的减产行为而非增加环保投资的行为，显著改善了被约谈地区企业的环境绩效，但于连超等（2019）发现，环保约谈显著提高了被约谈地区企业的绿色创新水平。

以上文献主要是从事前的环保立法和环境执法监督的角度分析环境规制的效果。包群等（2013）发现，单纯的环保立法并不能显著地抑制当地污染排放，环保立法只有在环保执法严格或当地污染相对严重的省份才能起到明显的环境改善效果，研究结果揭示了执法力度对环保立法监管效果的关键作用，说明有效的环境监管立法体系同时有赖于有法可依与执法必严。虽然也有一些国外文献从事后环境执法的视角研究了环境执法对企业环境合规和污染排放的影响（Gray and Shimshack，2011；Shimshack，2014），但国内从事后执法的角度研究环境处罚对企业环境治理影响的文献还比较有限，目前仅有徐彦坤等（2020）和王云等（2020）分别实证研究了环境处罚对目标企业和同伴企业的影响。徐彦坤等（2020）发现，环境处罚仅降低了目标企业的绝对排污水平，并未对其减排决策产生实质性影响；王云等（2020）发现，目标企业受到环境行政处罚后，也会促进同伴企业增加环保投资。可见国内这方面文献的分析主体不同，研究结论也不一致，因此，从环境处罚的事后执法视角来分析企业环境治理影响因素的研究还有待推进。

## 四、环境处罚的经济后果

从企业角度出发，企业环境违规被处罚后无疑会给违规企业带来一系列后果，包括增加企业的环境资本支出、或有环境负债和罚款（Clarkson et al.，2004），影响现金流（Blanco et al.，2009；Porter and Van der Linde，1995），增加政治成本（Patten and Trompeter，2003）并带来声誉惩罚（Karpoff et al.，2005；Zou et al.，2015），引发负面市场反应（Xu et al.，2012；Endrikat，2016；Du，2014；沈红波等，2012），降低贷款融资水平（Zou et al.，2017），降低客户满意度（Tirodkar，2020）和公司价值（Matsumura et al.，2014；唐松等，2019）等。例如，Endrikat（2016）以美国公司为例，研究发现正向（负

向）的环境事件带来正向（负向）的市场反应，且资本市场对负向环境事件的反应要比正向环境事件的反应强烈，Zou 等（2015）认为，企业环境不当行为不仅会对生态环境造成危害，还会引起利益相关者的负面反应。Xu 等（2012）以中国环保部 2010 年公示的环境违法企业名单为样本，实证检验了资本市场对环境负面事件的反应，发现环境违法企业在公告日前后 1 个月内的事件窗口期内，具有显著为负的市场回报率；王依和龚新宇（2018）也发现，环保处罚事件会带来显著为负的异常收益率。而沈红波等（2012）发现，A 股市场基本不能对政府处罚、环境诉讼等负面环境事件做出有效反应，但 H 股市场却能够对环境事件导致的罚款做出负面反应。在其他利益相关者方面，Cohen（1992）发现，违反环境的证据可能会对客户对于公司产品安全或质量的看法产生不利影响。Konar 和 Cohen（2001）认为，有环保意识的投资者可以通过增加资本成本和降低市场价值来惩罚污染企业。此外，环境违规还会影响消费者需求（Stafford，2007），Lin 等（2016）从消费者的角度分析环境责任缺失对消费者感知的企业声誉的影响，发现环境责任缺失会负向影响企业声誉。

从政府环境执法效果的角度出发，既有文献对环境处罚活动和企业环境治理行为之间关系的研究主要是在以美国为主的国外背景下进行分析的。值得注意的是，国外制度背景下的"环境执法"含义与本书中的"环境处罚"虽然含义类似，但也稍有不同，Earnhart（2004）指出，正式执法活动包括以下四类：①同意令或协议（如协商解决）；②纠正行动（如要求安装新的处理技术）；③整治要求（如强制清理）；④行政、民事或刑事罚款。Wayne 等（2011）归纳环境执法活动可能包括行政、民事、司法及罚款措施等。而本书中的环境处罚是环境行政执法手段中的其中一个，且是指环境行政处罚，所以国外制度背景下的"环境执法"含义范围更广。

早期研究表明，在被政府执法处罚后，环境违规企业经常增加环境信息披露的数量（Patten，2002），报告有利的环境信息（Deegan and Rankin，1996），并参与更多的外部沟通以提高企业形象或逃避责任，然而这些战略行为是表征性的，不是实质性和有意义的努力（Cho，2009）。随后也有研究发现环境执法活动能够使企业产生一些实质性的行为和努力，例如，促进企业合规（Earnhart，2004；Glicksman and Earnhart，2007），缩短企业违规天数（Nadeau，1997），减少污染排放（Shimshack and Ward，2008），例如空气污染（Deily and Gray，2007）、水污染（Glicksman and Earnhart，2007；Shimshack and Ward，2008）以及有毒物质排放（Stafford，2003）。此外，执法活动还会促使企业产生超常合规行为，即污染排放量显著低于限定标准（Shimshack and Ward，2008）。这些都表明了环境执法的威慑效果，也与 Gray 和 Shimshack（2011）以及 Shimshack（2014）的文献综述结论一致。

还有研究仅针对环境罚款的单一执法措施分析执法效果，发现环境罚款能有效促进企业合规（Earnhart，2004；Glicksman and Earnhart，2007），并减少污染排放量（Shimshack and Ward，2008）。也有研究区分罚款处罚和非罚款处罚分析，例如 Lim（2016）发现，非罚款类处罚与污染排放量呈显著负相关，而罚款处罚与污染排放量呈"U"形的非线性关系；Shimshack 和 Ward（2005）发现，环境罚款可以降低目标企业以及其他企业的违规率，且环境罚款对于其他企业的影响和对本企业的影响几乎一样大，表明执法活动还会对同行业其他企业产生一般威慑效应，但是非罚款处罚对企业合规没有明显影响。也有少数文献得出关于环境罚款的相反结论，例如 Prechel 和 Zheng（2012）发现，环境罚款不能降低企业污染，也不能促使企业投资污染减排技术，Stretesky 等（2013）认为，巨额罚款更可能使企业污染生产合法化，并没有减少有毒物质排放。总之，关于环境罚款对于企业环境治理行为的影响，既有文献结论仍不统一。

而基于中国背景下的环境处罚效果研究却很少，姜楠（2019）通过规范分析指出中国的环境罚款及其他处罚措施在责令企业整改方面的效果并不乐观，徐彦坤等（2020）实证研究了环境处罚对目标企业的影响，发现环境处罚仅降低了企业绝对排污水平，并未对企业的减排决策产生实质性影响，王云等（2020）研究了环境处罚对同伴企业的威慑效果，发现目标企业环境行政处罚增加了同伴企业的环保投资。可见国内这方面文献的分析主体不同，研究结论也不一致。

## 五、研究述评

总之，通过梳理，本书认为，既有文献存在以下六方面局限，并将在研究局限的基础上，对相关文献进行补充和拓展：

第一，对于环境处罚和企业债务融资行为之间关系的研究，既有文献主要侧重研究企业正面的环境绩效对企业融资成本和融资规模的影响，鲜少涉及负面的环境绩效对债务融资的影响，更没有文献分析企业受到的环境处罚对于融资行为的影响。虽然 Zou 等（2017）从负面环境绩效的角度分析了企业环境违规对于贷款融资的影响，但他们侧重的是企业是否有环境违规行为，而本书侧重的是企业违规后所受的政府环境处罚，从事后环境执法的角度分析环境处罚对于企业新增银行借款的影响及其影响机制，既丰富了企业融资行为的影响因素，也检验了政府环境处罚对于企业融资的惩罚效应。

第二，对于环境处罚和企业税负之间关系的研究，现有文献较少将企业税负与环境会计领域相联系并研究其中的关系，国内外相关的文献也非常有限。曹越等（2017）从环境立法层面检验了环境规制对公司税负的影响，发现环境规制强度的增加会导致企业税负下降，刘畅和张景华（2020）检验的是企业环境责任承担对企业税负的作用效应。但现有文献仍并未从环境执法的视角关注事后的环境处罚对公司税负的影响，因此政府环境处罚是否会成为公司税负的影响因素，这方面的文献空白还有待填补。

第三，对于企业环境治理的概念，本书认为环境治理的概念界定和维度划分需要明确，从概念而言，环境治理与环境绩效等指标并不等同，前者是广义范围上的概念，囊括了环境绩效、环境管理、环境实践和环境表现等诸多含义。从维度划分而言，环境治理过程维度是指公司为了减轻对自然环境的负面影响并提高环境绩效而投入的管理实践，是在环境治理过程中付出的努力和行动，反映了公司为了改善其环境绩效而实施的环境治理实务，而环境治理结果维度是公司经过环境治理实践后所表现出的实际环境绩效。显然，事前及事中的环境治理过程和事后的环境治理结果并不等同，但这两个维度是相互关联的，因为环境治理结果是治理过程的可量化结果，而环境治理过程提供了改善治理结果的必要努力（Trumpp et al.，2015）。因此，本书基于环境治理过程和结果的不同特征进行维度划分，这种划分方法不仅考虑了环境治理指标的异质性特征，还可以将一系列相关的概念进行归类，例如，环境管理和环境实践的含义可归类于环境治理过程维度，而环境绩效和环境表现的含义可归类于环境治理结果维度。

第四，对于环境处罚和企业环境治理行为之间关系的研究，大多数文献表明环境执法能够减少企业违规和污染排放，这与 Gray 和 Shimshack（2011）及 Shimshack（2014）的文献综述结论一致。但这方面的研究也存在一些局限，一方面，以往文献主要以结果为导向，通过企业最终的环境结果来评价政府执法的效果，但 Shimshack 和 Ward（2008）认为，仅分析执法对合规决策的影响，会明显低估执法对环境质量的影响；Lim（2016）也认为，尽管合规是一个重要的结果，但不是唯一重要的结果，合规情况的改善可能是由于排放量很小或在很大程度上的减少，因此分析合规改善的程度是至关重要的。本书认为，以往以结果为导向的分析角度会忽视企业在改善环境结果过程中付出的努力和投入，所以环境处罚对于企业环境治理过程的影响还有待检验。另一方面，以往大多数文献仅单方面地分析环境执法对目标企业的特殊威慑（Glicksman and Earnhart，2007；徐彦坤等，2020）或对其他企业的一般威慑（王云等，2020），有个别文献是基于国外背景同时分析了环境执法的特殊威慑和一般威慑（Shimshack and Ward，2005；Lim，2016），其结论却不一致，关于环境执法的特殊威慑和一般威慑效果还需进一步实证检验。鉴于此，本书首次基于中国的制度背景，将环境处罚对目标企业的特殊威慑和对其他企业的一般威慑升级纳入同一个研究框架，解释环境处罚推动目标企业和其他企业进行环境治理的重要机制，也有助于丰富相关文献。

第五，对于环境执法与企业环境治理行为之间关系的研究背景，大部分文献是在国外制度背景下研究政府环境执法的威慑效果，国内鲜少有文献对此进行研究。Lynch 等（2016）认为，环境执法的威慑效应受很多因素的影响，其中就包括研究对象和研究数据所属的国家；Wayne 等（2011）也认为，各国的环境执法强度和战略各不相同，考虑到中国的环保立法和执法日益严格，有必要在中国的制度背景下，检验环境处罚对环境治理过程维度和结果维度的影响，以便更全面地了解处罚是否有效以及如何起作用。

第六，对于以往文献中的指标衡量，一方面，有关环境执法的衡量可归为三种：一是执法活动的次数（Deily and Gray，1991；Nadeau，1997；Sigman，1998；Lim，2016）；二是是否罚款的哑变量（Shimshack and Ward，2005；Shimshack and Ward，2008；Stretesky et al.，2013）；三是罚款金额（Prechel and Zheng，2012；Lim，2016）。然而前两种方式都没有区分每次执法的不同力度，第三种方式仅针对罚款的执法手段，没有包含政府执法的全部措施，不能全面衡量执法效果，所以不同污染控制工具的相对威慑影响还没有完全被了解（Wayne et al.，2011）。另一方面，对于环境执法后企业行为反应的衡量也可归为三种：一是企业合规与否的哑变量（Magat and Viscusi，1990；Deily and Gray，1991；Gray and Shadbegian，2005；Deily and Gray，2007）；二是污染排放量（Laplante and Rilstone，1996；Stretesky et al.，2013；Lim，2016）；三是违规持续期间的天数（Nadeau，1997）。然而第一种方式会忽视企业环境行为的改善程度，低估环境执法的效果，例如，有些企业在很大程度上降低污染排放，却由于还未达到合规标准，其违规状态依然没有变化（Laplante and Rilstone，1996）；由于污染排放的数据有限，第二种衡量方式涉及的环境行为并不全面；第三种衡量方式比较片面，较少文献采用。

因此，对于以上研究局限和研究不足，本书将基于环境处罚的广度和深度层面，系统地检验环境处罚频次和环境处罚力度分别对于企业新增银行借款、企业税负、目标企业环境治理和其他企业环境治理这四种行为的影响。

# 第二节　理论基础

## 一、制度理论

制度理论认为，正当性是一套社会构造的信念，基于此，外部制度构造组织并渗透到组织的各个方面（Suchman，1995；Scott，2001）。Meyer 和 Rowan（1977）、DiMaggio 和 Powell（1983）认为，组织动态是社会规范、信念、惯例和其他特征的结果，企业管理层或企业管理人员遵循这些制度性的信念以确保组织的正当性和生存，这种来源于制度方面的压力和影响即制度压力。DiMaggio 和 Powell（1983）还从强制性、模仿性和规范性三个方面识别了促使产生制度同形变化的三种制度压力，在公司和自然环境的背景下，这三种形式的制度压力来源可能包括管制者、关键采购商、媒体、同行或竞争者、环保专家、行业协会、NGO、主要的商业伙伴、资金提供者、当地社区和公众等各种利益相关者。由此，组织针对政治环境所施加的制度压力，采用相应的规则和结构，以便提升正当性而维护获得资源的渠道，这些组织上的反应导致它们制度同形于其所处的环境。

基于制度理论，企业被认为是制度遵从者，制度通过法律规则、行为规范和社会期望影响组织，组织为了生存必须遵守制度规则（Scott，2005），通过遵守外部制度和利益相关者的预期来提升或保护其正当性。公司外部的三种制度压力，特别是公司对变幻莫测正当性的诉求，被认为在决定一个公司的环境治理绩效时发挥着关键作用。Jennings 和 Zandbergen（1995）是第一个将制度理论应用于环境管理实践中的，他们认为强制性制度压力是企业采取环境管理实践的主要动力；Aharonson 和 Bort（2015）发现，公司对制度压力越敏感，公司为了建立或维护其正当性就越可能表现出保护环境、减轻污染的战略行为。所以对于本书的研究内容而言，当企业环境违规之后，政府具体的行政处罚措施可以在制度层面上通过强制性制度压力制止企业违规行为，改善企业环境治理。

## 二、利益相关者理论

利益相关者理论（Freeman，2015）认为，企业社会责任需要满足各种利益相关者的需求和期望，进而维持必要资源的供应并确保其在社会中的合法性。该理论强调企业追求的是各个利益相关者的整体利益，而不仅是股东的利益最大化。

鉴于利益相关者对环境责任越来越关心，企业采取环保措施可以被视为满足利益相关者期望的可靠标志，参与环境交流活动代表了公司满足股东利益需求的努力，这也有助于构建良好的公司声誉，并最终对其财务绩效产生积极的影响（Freeman，1984）。例如，公司进行环境治理可以树立负责任企业的形象，吸引更多的关注者，实现公司与利益相关者的双赢共生，这就使越来越多的投资人在公司经济绩效维度之外，更加关注社会责任、环境影响和公司治理等。而企业对环境的污染、社会责任的缺失以及公司治理的不健全将会损害员工、所在社区甚至是整个社会的利益（Jones，1995），给社会带来负面影响，进而又会降低社会对企业的估值，影响企业长期效益。因此，基于利益相关者理论，政府对企业的环境处罚将会降低利益相关者对企业合法性的看法，并可能引发与利益相关者之间的多种不利关系，例如，环境处罚可能导致银行限制对企业的绿色信贷，也可能导致税务部门取消企业的环保税收优惠并增加企业税负，这些都会损害公司的整体利益。

## 三、声誉理论

声誉理论与利益相关者理论的解释相一致，企业声誉可以定义为社会群体成员对企业的集体印象（De Castro et al.，2006），它是一种通用的组织属性，反映了外部利益相关者认为企业是"好"而不是"坏"的程度（Roberts and Dowling，2002；Pfarrer et al.，2010）。企业良好的声誉是一种无形资源，能够为企业带来持续的竞争优势（Chun，2005；Deephouse，2000；Schnietz and Epstein，2005），包括企业内部收益和外部收益（Branco and Rodrigues，2006；Puncheva，2008；Stern et al.，2013；Heikkurinen and Ketola，2012）。

由于全世界公众对环境保护的日益关注，环境绩效被认为是企业声誉最重要的维度之一（Haddock-Fraser and Tourelle，2010；Melo and Garrido-Morgado，2012），这也反映出企业承担环境责任就是提升企业声誉的重要途径之一。实际上，许多企业已意识到环境绩效可以通过企业声誉带来经济绩效（Tang et al.，2012），并选择通过实施环境责任措施来建立声誉优势（Heikkurinen，2010；Lin et al.，2015）。从企业自身合法性的角度来看，企业社会责任的参与有助于企业积累声誉资本，形成竞争优势（Zhang et al.，2015），而较差的环境绩效与社会规范不一致以及环境责任缺失都会严重损害企业的声誉（Cho and Patten，2007；Lin et al.，2016）。因此，基于声誉理论，政府对企业的环境处罚由于揭示了企业环境违规行为和环境责任的缺失，会对企业声誉有较大负向影响。

## 四、威慑理论

威慑理论最初起源于犯罪经济学领域，Gibbs（1986）认为，当经历过制裁的人因为害怕再次受到惩罚而不再犯罪时，就产生了特殊威慑；而制裁措施威吓潜在违法者避免发生犯罪时，就产生了一般威慑（Williams and Hawkins，1986）。所以威慑理论是指借助惩罚产生的阻吓效应强制人们不去或不再犯罪，通过对行为人潜在不法动机施加外部影响来遏制不法行为。具体而言，威慑理论包括两种：特殊威慑理论（Specific Deterrence Theory）和一般威慑理论（General Deterrence Theory），本书将这两种理论应用于环境规制领域，特殊威慑侧重直接影响，指监管执法行动在多大程度上阻止了被督查或处罚企业的后续违规行为，一般威慑侧重间接影响，指针对目标企业的监管执法行为对其他企业的环境表现产生溢出效应的程度。

本书同时关注环境处罚对目标企业的特殊威慑和对其他企业的一般威慑，在这种情况下，被政府执行环境处罚的企业是目标企业，与目标企业同行业的其他未被环境处罚的企业则为其他企业。基于特殊威慑理论，目标企业受到政府环境处罚后，将会给目标企业带来较大的环境处罚成本、企业风险和业绩损失，这些构成了企业改善环境治理的"负向激励"，促使企业达到环境合规的状态，这种现象即实现了特殊威慑。基于一般威慑理论，目标企业受到的环境处罚通过相关企业群体传递"威胁信号"，因此可能使同行业其他企业了解环境违规的风险和处罚成本，这种对违规风险和处罚成本的感知也从目标企业扩散到同行业其他企业，从而导致同行业其他企业增加合规投资和环境治理，这种情况即实现了一般威慑。

# 第四章　环境处罚对企业新增
# 银行借款的影响

## 第一节　引言

　　自 2007 年以来，国家政府部门和原中国银监会陆续出台了多项指导性文件，目前已基本建立以《绿色信贷指引》为核心的绿色信贷制度框架。与此相对应，国内各主要商业银行和金融机构也通过建立绿色信贷和绿色授信政策，对企业提出了更高的绿色投融资要求。根据现有的制度和政策体系，绿色信贷的一个核心内容是负向惩罚，即通过限制贷款额度或利率惩罚等方式对一般污染企业实施惩罚性高利率，要求各商业银行要将公司环保守法情况作为审批贷款的必备条件之一，对违反环境保护的严重污染企业或项目，采取暂停贷款或者提前收回贷款等信贷处罚措施。

　　既有研究表明，银行在决定是否向企业贷款时，会将企业的环境绩效纳入其信用风险控制决策中（Thompson and Cowton，2004；Weber et al.，2008）。因此在绿色信贷的政策背景和绿色金融体系下，政府环境处罚会增加银行对于企业环境风险的感知以及对企业偿债能力和经营风险的关注。如果企业面临政府环境处罚，将会严重影响商业银行和金融机构对于企业融资过程中的贷款审批，降低银行业等外部债权人的借款意愿，进而对被环境处罚的企业产生"融资惩罚效应"，例如，银行通过限制贷款额度或利率惩罚对环境违规的企业进行负向惩罚，并对企业新增银行借款规模产生限制。

　　为了检验环境处罚是否会对企业产生融资方面的惩罚效应，本书基于环境处罚的广度和深度两个层面，从企业新增银行借款规模的角度探究以下两个问题：一是环境处罚频次如何影响企业新增银行借款？二是环境处罚力度如何影响企业新增银行借款？

# 第二节 理论分析与研究假设

## 一、环境处罚频次对企业新增银行借款的影响

从环境处罚的广度层面探究环境处罚频次对企业新增银行借款的影响，一方面，环境处罚可能通过影响企业财务业绩为银行信贷部门提供关于企业偿债能力的重要信息，即环境处罚会损害企业财务业绩，降低企业偿债的能力。因为基于利益相关者理论和声誉构建理论，环境处罚会影响其他利益相关者对企业合法性的认可，并引发企业与利益相关者之间的不利关系，同时也会给企业带来较差的声誉（Karpoff et al.，2005）。也有研究表明企业环境绩效与财务绩效呈正相关（Guenster et al.，2011；Kim and Statman，2012；Dyck et al.，2019），根据此结论，企业受到的环境处罚反映了企业负面的环境绩效，那么负面环境绩效会降低公司价值（Matsumura et al.，2014；唐松等，2019）[①]，还会降低客户满意度（Tirodkar，2020）。并且就企业自身而言，环境处罚也会增加企业的环境资本支出、或有环境负债和罚款（Clarkson et al.，2004），还会增加政治成本等（Patten and Trompeter，2003），这些成本能够直接降低企业财务绩效（Thomas et al.，2007）。因此随着企业被环境处罚频次增多，银行信贷部门也会预期到企业财务业绩损失越多且企业偿债能力越差，进而降低对企业的贷款意愿和贷款规模。另一方面，环境处罚为银行信贷部门提供关于企业风险方面的重要信息。因为环境处罚威胁了企业的合法地位，揭示了企业在生产过程中的环境风险，而环境风险是银行在信用评估过程中考察的企业诸多风险中之一（Thompson and Cowton，2004）。除了环境风险之外，环境处罚还为银行贷款决策提供了关于企业经营风险的重要信息，例如，有研究发现环境绩效与企业风险也显著负相关（Khairollahi et al.，2016），企业在环境保护方面的表现也影响着与环境相关的法律风险和管制风险（常莹莹和曾泉，2019），尤其是污染企业更可能招致相关的法律诉讼（吴红军等，2014）。这些诉讼或纠纷往往会

---

① 2018 年《中国环境管理》的一份研究报告发现，企业环境违法引发的股市反应太强烈了，在环保处罚公示当日，调查的 49 家"两高"（高污染、高能耗）上市公司股价大幅下跌，带来显著为负的异常收益率，最多下跌了 7.72%，并且这种影响可以持续到次日。

造成大量的经济利益流出，包括赔偿费、罚款、生态恢复基金以及其他相关负债等，并且企业潜在环境负债和环境风险也会进一步降低公司市场价值（Berkman et al.，2019）。所以环境处罚可能给企业在经营方面带来多项风险并增加企业盈余波动性，弱化银行对企业的贷款意愿并降低贷款规模。而且环境处罚事件发生的频次越多，企业风险和盈余波动性越大，这类风险因素对银行贷款决策的负向影响也越大。

综上所述，当企业受到的环境处罚频次越多时，银行可能会认为企业偿债能力越差，企业风险越多且盈余波动性越大，并且基于绿色信贷的要求，银行信贷部门也会考虑企业环境违规的情况，进而降低银行贷款供给。因此提出假设 H4-1：

**假设 H4-1：环境处罚频次会负向影响企业新增银行借款，即环境处罚频次越多，企业新增银行借款规模越小。**

## 二、环境处罚力度对企业新增银行借款的影响

从环境处罚的深度层面探究环境处罚力度对企业新增银行借款的影响。对企业而言，如果企业所受的环境处罚程度较轻，例如，警告、责令改正或少量罚款等，这类轻度处罚对企业财务业绩的负面影响较小，也不太影响企业经营风险和对银行借款的偿债能力。如果企业所受的环境处罚程度比较严重，例如，被罚款百万元以上甚至被要求停产整顿①，这类重度处罚不仅增加企业成本还会减少营业收入，直接导致企业业绩受损，并在很大程度上负向影响企业偿债能力和经营风险。此外，基于声誉理论和利益相关者理论，企业所受的环境违规处罚越严重，其声誉损失越大（Karpoff et al.，2005），企业与各利益相关者之间的关系也会越差，进而在更大程度上增加企业风险并损害企业价值（Khairollahi et al.，2016；Berkman et al.，2019）。

对银行而言，企业所受的环境处罚程度越大，其伴随的企业经营风险增加和偿债能力下降使银行信贷风险也越大。并且环境处罚力度越大，这类环境处罚事件引发的公众关注越多，媒体也更愿意报道其相关负面新闻，同时银行信贷部门

---

①　2015 年 1 月 1 日起施行的新《环境保护法》，首次将生态保护红线写入法律，明确提出对违法排污企业实行按日连续计罚，罚款上不封顶。根据环保网，2018 年 4 月，广济药业、和胜股份、龙蟒佰利、辉丰股份、南京熊猫等 6 家上市公司和挂牌公司发布了涉及环保的处罚整改公告，罚款金额累计近 4000 万元；2019 年 7 月 5 日，因"销售不符合标准的车辆"，江淮汽车收到北京市生态环境局一张 1.7 亿元的巨额罚单，创下中国车企环保罚单的最高纪录。

也更容易从多个渠道获取企业负面的环境信息，增强对企业环境风险的敏感度，进而增加对企业的贷款限制和对绿色信贷条款的审核。因此随着环境处罚力度的加深，这些因素都会导致银行降低向企业提供贷款的意愿，可能表现为更高的贷款利率要求或者更小的贷款规模，如果银行要求较高的贷款利率，最终也可能导致企业被迫减少贷款总规模（Zou et al.，2017）。综上所述，提出假设 H4-2：

**假设 H4-2：环境处罚力度会负向影响企业新增银行借款，即环境处罚力度越大，企业新增银行借款规模越小。**

# 第三节　研究设计

## 一、样本选择与数据来源

基于 2012~2018 年沪深 A 股上市公司，并依据 2010 年《上市公司环境信息披露指南》（征求意见稿）中界定的 16 类重污染行业，选取重污染行业的上市公司作为研究样本，并剔除了金融行业和 ST、PT 类以及数据缺失的样本，最终得到 5586 个公司年度观测值。所需环境处罚数据是利用爬虫软件收集于公众环境研究中心网站（IPE），公司财务数据来自 CSMAR 数据库，还对所有连续变量进行了缩尾处理。

## 二、研究方法与模型构建

首先，构建模型（4-1）以检验假设 H4-1，构建模型（4-2）以检验假设 H4-2。其次，根据模型进行 OLS 回归分析：

$$
\begin{aligned}
\text{Loan}_{i,t} = {} & \alpha_0 + \alpha_1 \text{Lag\_P\_number}_{i,t} + \alpha_2 \text{Size}_{i,t} + \alpha_3 \text{Lev}_{i,t} + \alpha_4 \text{ROA}_{i,t} + \\
& \alpha_5 \text{Top1}_{i,t} + \alpha_6 \text{Growth}_{i,t} + \alpha_7 \text{TobinQ}_{i,t} + \alpha_8 \text{Std}_{i,t} + \alpha_9 \text{Tar}_{i,t} + \\
& \alpha_{10} \text{Age}_{i,t} + \alpha_{11} \text{SOE}_{i,t} + \text{Year} + \text{Industry} + \varepsilon
\end{aligned} \tag{4-1}
$$

$$
\begin{aligned}
\text{Loan}_{i,t} = {} & \beta_0 + \beta_1 \text{Lag\_P\_degree}_{i,t} + \beta_2 \text{Size}_{i,t} + \beta_3 \text{Lev}_{i,t} + \beta_4 \text{ROA}_{i,t} + \\
& \beta_5 \text{Top1}_{i,t} + \beta_6 \text{Growth}_{i,t} + \beta_7 \text{TobinQ}_{i,t} + \beta_8 \text{Std}_{i,t} + \beta_9 \text{Tar}_{i,t} + \\
& \beta_{10} \text{Age}_{i,t} + \beta_{11} \text{SOE}_{i,t} + \text{Year} + \text{Industry} + \varepsilon
\end{aligned} \tag{4-2}
$$

上述两个模型中的被解释变量都分别包括企业新增银行借款（Loan）。本书借鉴蔡海静等（2019）的做法，界定企业新增银行借款等于短期借款和长期借款之和的本期变化值除以期初总资产。

模型（4-1）的解释变量为滞后一期的环境处罚频次（Lag_P_number）。借鉴邱牧远和殷红（2019）的做法，整理了公众环境研究中心披露的企业因环境违规受到处罚的总次数，即对各上市公司及其关联子公司在会计年度内受到的环境处罚次数进行加总，作为环境处罚频次的初始指标（P_number_original）。为了使该数据符合正态分布，对其进行 Z 值标准化处理，最终得到本期环境处罚频次的衡量指标（P_number）。考虑到银行在进行贷款审批时对企业环境信息，尤其是对企业环境违规处罚信息的获取存在一定滞后性，银行贷款审批过程一般也较长，进而导致环境处罚对新增银行借款的影响可能会延迟。因此借鉴前人做法（沈洪涛和马正彪，2014），对解释变量进行滞后一期处理，构建了环境处罚频次的滞后一期指标（Lag_P_number）作为本书第一个核心解释变量。

模型（4-2）的解释变量是滞后一期的环境处罚力度（Lag_P_degree）。一般而言，不同的处罚类型和执法手段对应不同的处罚力度，首先，依据公众环境研究中心和多个省份出具的企业环境违法违规行为记分标准，对不同的处罚类型赋予不同的分值。如表 4-1 所示，如果企业受到的环境处罚力度越大，那么被记分值越大。其次，对过去一年中企业受处罚次数和每次处罚对应的分值进行相乘后加总，得到环境处罚力度的初始指标（P_degree_original），该指标的总分值越高，说明处罚力度越严重。最后，对该初始指标进行 Z 值标准化处理，得到本期环境处罚力度的衡量指标（P_degree）。同样地，为了考虑环境处罚对企业新增银行借款的滞后影响，还构建了环境处罚力度的滞后一期指标（Lag_P_degree）作为第二个核心解释变量。

此外，综合参照前人做法（Zou et al.，2017；苏冬蔚和连莉莉，2018；蔡海静等，2019），控制了公司特征的一系列变量，还控制了年度和行业虚拟变量，所有变量的具体定义如表 4-2 所示。

**表 4-1 企业环境违规处罚类型与记分标准**[①]

| 环境违法违规行为处罚处理类别 | 记分值 |
| --- | --- |
| 警告 | 1 |

---

[①] 本书参考的环境违法违规行为处罚处理类别和记分标准的信息来源网站主要包括 http://m. tanpaifang. com/article/62823. html；https://www.thepaper.cn/newsDetail _ forward _ 5017886；http://www. changbaishan. gov. cn/zwdt/zfgg/201801/t20180119_106289. html；http://www. doc88. com/p - 7758437872127. html。

续表

| 环境违法违规行为处罚处理类别 | | 记分值 |
|---|---|---|
| 挂牌督办、督查 | | 1 |
| 责令改正或者限期改正 | | 1 |
| 罚款 | 罚款不足 5 万元 | 1 |
| | 罚款 5 万元以上不足 20 万元 | 2 |
| | 罚款 20 万元以上不足 40 万元 | 3 |
| | 罚款 40 万元以上不足 60 万元 | 4 |
| | 罚款 60 万元以上 | 6 |
| 责令改正 | 登记表类建设项目 | 3 |
| | 报告表类建设项目 | 6 |
| | 报告书类建设项目 | 12 |
| 没收违法所得、没收非法财物 | | 6 |
| 实施查封、扣押 | | 6 |
| 责令限制生产 | | 6 |
| 责令停产整治 | | 12 |
| 移送适用行政拘留的环境违法案件 | | 12 |
| 移送涉嫌环境犯罪案件 | | 12 |
| 其他 | | 1 |

资料来源：笔者根据数据整理所得。

### 表 4-2　所有变量界定

| 变量符号 | 变量名称 | 变量定义 |
|---|---|---|
| Loan | 企业新增银行借款 | 短期借款和长期借款之和的本期变化值除以期初总资产 |
| Loan_shortdebt | 企业新增短期银行借款 | 短期借款的本期变化值除以期初总资产 |
| Loan_longdebt | 企业新增长期银行借款 | 长期借款的本期变化值除以期初总资产 |
| P_number_original | 环境处罚频次初始指标 | 按企业-年度加总过去一年中上市公司及其关联公司因环境违规受到处罚的总次数 |
| P_degree_original | 环境处罚力度初始指标 | 按企业-年度对过去一年中上市公司及其关联公司受环境处罚的次数和相应的分值权重进行相乘后加总得到的总分值 |
| P_number | 本期环境处罚频次 | 对本期环境处罚频次的初始指标进行标准化处理 |
| P_degree | 本期环境处罚力度 | 对本期环境处罚力度的初始指标进行标准化处理 |

| 变量符号 | 变量名称 | 变量定义 |
|---|---|---|
| Lag_P_number | 上期环境处罚频次 | 对上期环境处罚频次的初始指标进行标准化处理 |
| Lag_P_degree | 上期环境处罚力度 | 对上期环境处罚力度的初始指标进行标准化处理 |
| Punish | 环境处罚 | 企业当年受到环境处罚的次数达到一次及以上的取值为1，否则为0 |
| Size | 企业规模 | 总资产的自然对数 |
| Lev | 资产负债率 | 总负债与总资产的比值 |
| ROA | 总资产收益率 | 税前总利润/总资产 |
| Top1 | 股权集中度 | 第一大股东持股比例 |
| Growth | 公司成长性 | 营业利润增长率 |
| TobinQ | 托宾Q值 | 市值与总资产的比值 |
| Std | 盈利波动程度 | 近三年资产收益率的标准差 |
| Tar | 有形资产比例 | 有形资产总额/总资产 |
| Age | 上市年龄 | 公司上市年龄的自然对数 |
| SOE | 产权性质 | 国有企业取值为1，否则为0 |
| Year | 年度 | 年度虚拟变量 |
| Industry | 行业 | 行业虚拟变量 |

# 第四节　主要实证结果分析

## 一、描述性统计

描述性统计如表4-3所示：在有关解释变量的统计中，环境处罚频次的初始指标（P_number_original）的均值、中值最大值分别为1.289、0以及19，标准差偏小。环境处罚力度的初始指标（P_degree_original）的均值、中值最大值分别为2.431、0和43，标准差偏大，说明处罚力度的数据分布离散。这两项指标经过标准化处理后得到的P_number和P_degree，由于符合正态分布，其均值和标准差都分别为0和1。环境处罚哑变量（Punish）的统计结果显示，其均值为 0.348，说明有 34.8% 的样本是受到环境处罚的企业年度观测值，所以不存在明显的样本有偏问题。在有关被解释变量的统计中，企业新增银行借款指标（Loan）的最小值为-0.220，中位值为 0，说明有一半企业的银行借款规模变动值为负值，进而导致其对应的 Loan 指标小于 0。而 Loan 指标的均值为 0.023，明显大于其中位值 0，表明有一小部分企业的新增借款规模偏大，其最大值为 0.568，这也说明最大值和最小值两者之间差距较大，但其标准差很小，说明总体上企业新增银行借款数据的分布比较集中。此外，其他控制变量的数据统计也基本与前人结果类似。

表 4-3　描述性统计

| Variable | N | mean | min | p50 | max | sd |
|---|---|---|---|---|---|---|
| P_number_original | 5586 | 1.289 | 0 | 0 | 19 | 3.043 |
| P_degree_original | 5586 | 2.431 | 0 | 0 | 43 | 6.610 |
| P_number | 5586 | 0 | -0.423 | -0.423 | 5.820 | 1 |
| P_degree | 5586 | 0 | -0.368 | -0.368 | 6.138 | 1 |
| Lag_P_number | 4375 | 0.008 | -0.423 | -0.423 | 5.820 | 1 |
| Lag_P_degree | 4375 | -0.013 | -0.368 | -0.368 | 6.138 | 0.963 |
| Punish | 5586 | 0.348 | 0 | 0 | 1 | 0.476 |
| Loan | 5586 | 0.023 | -0.220 | 0 | 0.568 | 0.105 |
| Size | 5586 | 8.442 | 5.833 | 8.252 | 12.28 | 1.260 |
| Lev | 5586 | 0.431 | 0.054 | 0.420 | 0.952 | 0.211 |
| ROA | 5586 | 0.037 | -0.206 | 0.032 | 0.216 | 0.061 |
| Top1 | 5586 | 0.351 | 0.09 | 0.333 | 0.769 | 0.149 |
| Growth | 5586 | 0.162 | -0.586 | 0.075 | 3.278 | 0.488 |
| TobinQ | 5586 | 2.115 | 0.881 | 1.642 | 9.052 | 1.419 |
| Std | 5586 | 0.030 | 0.001 | 0.017 | 0.291 | 0.043 |
| Tar | 5586 | 0.922 | 0.557 | 0.950 | 1 | 0.083 |
| Age | 5586 | 2.330 | 1.099 | 2.485 | 3.178 | 0.625 |
| SOE | 5586 | 0.452 | 0 | 0 | 1 | 0.498 |

## 二、单变量分析

为了更直观地考察环境处罚与企业新增银行借款之间的关系，按照企业是否被环境处罚进行分组，比较两组企业的新增银行借款规模之间的差异。

单变量分析结果如表4-4所示：以滞后一期的环境处罚（Lag_Punish）分组检验发现，被环境处罚的目标企业年度观测值是1574个，没有被环境处罚的其他企业年度观测值是2801个。被环境处罚企业的新增银行借款（Loan）的均值为0.018，低于未被环境处罚企业新增银行借款（Loan）的均值0.021，对两者进行均值T检验，结果不显著。而以企业当期的环境处罚（Punish）分组检验发现，被环境处罚的目标企业年度观测值是1943个，没有被环境处罚的其他企业年度观测值是3643个。被环境处罚企业的新增银行借款（Loan）的均值为0.019，低于未被环境处罚企业新增银行借款（Loan）的均值0.025，对两者进行均值T检验，结果在5%水平上显著。整体结果表明，被环境处罚企业的新增银行借款规模更小，与本书假设逻辑相符。

表4-4　单变量分析（以是否被环境处罚分组）

| Variable | Lag_Punish = 0 | | Lag_Punish = 1 | | Mean-Diff |
|---|---|---|---|---|---|
| | N | Mean | N | Mean | |
| Loan | 2801 | 0.021 | 1574 | 0.018 | 0.002 |
| | Punish = 0 | | Punish = 1 | | |
| | N | Mean | N | Mean | |
| Loan | 3643 | 0.025 | 1943 | 0.019 | 0.006 ** |

注：*、**、***分别表示在10%、5%、1%的水平上显著。

## 三、相关性分析

如表4-5所示：整体而言，除了环境处罚频次和环境处罚力度之间的相关性系数较大之外，其他所有的变量之间相关系数均不超过0.5，表明基本不存在共线性问题。具体而言，环境处罚频次和环境处罚力度与企业新增银行借款的指标都呈负相关，却不显著。总之，相关性分析结果的解释变量与被解释变量之间的系数与本书假设预期相符，但其显著性还需在多元回归中进一步检验。

環境処罰与企業行為研究

表4-5 相关性分析

| Variable | Loan | Lag_P_number | Lag_P_degree | Size | Lev | ROA | Top1 | Growth | TobinQ | Std | Tar | Age | SOE |
|---|---|---|---|---|---|---|---|---|---|---|---|---|---|
| Loan | 1 | | | | | | | | | | | | |
| Lag_P_number | -0.018 | 1 | | | | | | | | | | | |
| Lag_P_degree | -0.020 | 0.887*** | 1 | | | | | | | | | | |
| Size | 0.077*** | 0.464*** | 0.415*** | 1 | | | | | | | | | |
| Lev | 0.131*** | 0.217*** | 0.189*** | 0.389*** | 1 | | | | | | | | |
| ROA | -0.001 | -0.042*** | -0.029* | 0.018 | -0.431*** | 1 | | | | | | | |
| Top1 | 0.023* | 0.126*** | 0.109*** | 0.333*** | 0.069*** | 0.067*** | 1 | | | | | | |
| Growth | 0.290*** | -0.036** | -0.030** | -0.002 | -0.014 | 0.170*** | -0.015 | 1 | | | | | |
| TobinQ | -0.083*** | -0.203*** | -0.184*** | -0.475*** | -0.192*** | 0.138*** | -0.173*** | 0.003 | 1 | | | | |
| Std | -0.060*** | -0.054*** | -0.044*** | -0.184*** | 0.136*** | -0.207*** | -0.080*** | 0.031** | 0.284*** | 1 | | | |
| Tar | -0.099*** | 0.021 | 0.013 | 0.035*** | 0.102*** | -0.003 | 0.072*** | -0.132*** | -0.046*** | -0.025* | 1 | | |
| Age | -0.099*** | 0.171*** | 0.155*** | 0.291*** | 0.327*** | -0.130*** | -0.043*** | -0.037*** | 0.034** | 0.176*** | 0.086*** | 1 | |
| SOE | -0.056*** | 0.204*** | 0.178*** | 0.328*** | 0.324*** | -0.150*** | 0.187*** | -0.079*** | -0.115*** | 0.070*** | 0.094*** | 0.511*** | 1 |

注：*，**，***分别表示在10%，5%，1%的水平上显著。

## 四、回归结果分析

多元回归分析如表4-6所示：第（1）列是基于模型（4-1）的回归结果，被解释变量为企业新增银行借款（Loan），解释变量为滞后一期的环境处罚频次（Lag_P_number）。结果显示，滞后一期的环境处罚频次与企业新增银行借款在1%的水平上显著负相关，表明上期环境处罚的频次越多，对本期企业新增银行借款产生的负面影响越大，回归结果与理论预期一致，支持了假设 H4-1。第（2）列是基于模型（4-2）的回归结果，被解释变量为企业新增银行借款（Loan），解释变量为滞后一期的环境处罚力度（Lag_P_degree）。结果显示，滞后一期的环境处罚力度与企业新增银行借款也在1%的水平上显著负相关，表明上期环境处罚力度越大，对本期企业新增银行借款产生的负面影响越大，回归结果与理论预期一致，支持了假设 H4-2。总之，这两个回归结论表明，环境处罚对于企业新增银行借款具有"融资惩罚效应"。从控制变量的回归结果来看，企业规模和企业成长性指标都与企业新增银行借款显著呈正相关，盈利波动程度与企业新增银行借款显著呈负相关，这都与理论预期相符。

**表 4-6　环境处罚频次和环境处罚力度对企业新增银行借款的回归分析**

| Variable | (1)<br>Loan | (2)<br>Loan |
|---|---|---|
| Lag_P_number | -0.005 *** <br> (-3.317) | |
| Lag_P_degree | | -0.005 *** <br> (-3.112) |
| Size | 0.005 *** <br> (2.708) | 0.004 ** <br> (2.527) |
| Lev | 0.096 *** <br> (10.632) | 0.096 *** <br> (10.635) |
| ROA | -0.007 <br> (-0.241) | -0.006 <br> (-0.194) |
| Top1 | -0.003 <br> (-0.263) | -0.003 <br> (-0.247) |
| Growth | 0.056 *** <br> (16.527) | 0.056 *** <br> (16.550) |

续表

| Variable | (1)<br>Loan | (2)<br>Loan |
|---|---|---|
| TobinQ | 0.000<br>(0.163) | 0.000<br>(0.157) |
| Std | −0.170***<br>(−4.412) | −0.170***<br>(−4.406) |
| Tar | −0.077***<br>(−4.140) | −0.076***<br>(−4.134) |
| Age | −0.019***<br>(−5.922) | −0.019***<br>(−5.924) |
| SOE | −0.010***<br>(−2.768) | −0.010***<br>(−2.809) |
| _cons | 0.062***<br>(2.686) | 0.065***<br>(2.866) |
| Year | Yes | Yes |
| Industry | Yes | Yes |
| N | 4375 | 4375 |
| adj. $R^2$ | 0.121 | 0.120 |
| F | 31.026 | 30.951 |

注：**、***分别表示在5%、1%的水平上显著。括号内数值为T值。

# 第五节　稳健性检验

## 一、解释变量当期水平回归

前文主回归检验中使用的是滞后一期水平回归，考虑到环境处罚也可能在当期对企业新增银行借款，尤其是短期银行借款产生影响，因此又对解释变量进行当期水平的回归。结果如表4-7所示：第（1）列结果表明当期环境处罚频次（P_number）在1%水平上显著负向影响企业新增银行借款，第（2）列结果表明，当期环境处罚力度（P_degree）在5%水平上显著负向影响企业新增银行借款，总体结果与表4-6类似，说明结论较为稳健。

表 4-7　解释变量当期水平的回归

| Variable | (1) Loan | (2) Loan |
|---|---|---|
| P_number | −0.005 *** | |
| | (−3.341) | |
| P_degree | | −0.003 ** |
| | | (−2.229) |
| Size | 0.005 *** | 0.004 *** |
| | (3.137) | (2.686) |
| Lev | 0.094 *** | 0.094 *** |
| | (11.523) | (11.520) |
| ROA | −0.010 | −0.009 |
| | (−0.396) | (−0.343) |
| Top1 | −0.000 | 0.000 |
| | (−0.014) | (0.014) |
| Growth | 0.060 *** | 0.060 *** |
| | (21.284) | (21.300) |
| TobinQ | −0.001 | −0.001 |
| | (−0.952) | (−0.977) |
| Std | −0.151 *** | −0.152 *** |
| | (−4.408) | (−4.439) |
| Tar | −0.084 *** | −0.083 *** |
| | (−4.964) | (−4.958) |
| Age | −0.022 *** | −0.021 *** |
| | (−7.966) | (−7.928) |
| SOE | −0.006 * | −0.006 * |
| | (−1.829) | (−1.915) |
| _cons | 0.069 *** | 0.076 *** |
| | (3.331) | (3.702) |
| Year | Yes | Yes |
| Industry | Yes | Yes |
| N | 5586 | 5586 |
| adj. $R^2$ | 0.136 | 0.135 |
| F | 42.927 | 42.585 |

注：*、**、*** 分别表示在10%、5%和1%的水平上显著。括号内数值为 T 值。

## 二、工具变量两阶段回归

本书采用工具变量法解决内生性问题，选取除了本企业之外的同行业其他所有企业的环境处罚频次和环境处罚力度的行业均值（M_P_number 和 M_P_degree），分别作为本企业环境处罚频次和环境处罚力度的工具变量。为了使行业匹配更精确，这里的同行业依据的是 Wind 数据库四级行业的划分标准。由于同行业其他企业的环境处罚频次和环境处罚力度会影响政府执法机构对于本企业的环境处罚频次和环境处罚力度，因此，不会直接影响到本企业新增银行借款，因而符合工具变量的选取条件。

工具变量两阶段回归结果如表 4-8 所示：第（1）列和第（2）列是 2SLS 第一阶段回归，结果表明工具变量 M_P_number 和 M_P_degree 都分别与 P_number 和 P_degree 显著呈正相关，符合理论预期。本书还对两个工具变量进行弱工具检验，根据经验原则判断，发现 2SLS 第一阶段的 F 值均大于 10，说明不是弱工具变量。第（3）列和第（4）列是 2SLS 第二阶段对于假设 H4-1 和 H4-2 的检验，结果显示环境处罚频次和环境处罚力度与企业新增银行借款在 1% 水平显著呈负相关，该结果均类似于表 4-6，支持主回归结论。

表 4-8　工具变量两阶段回归①

| Variable | (1) | (2) | (3) | (4) |
| --- | --- | --- | --- | --- |
| | 第一阶段 | | 第二阶段 H4-1、H4-2 检验 | |
| | P_number | P_degree | Loan | Loan |
| M_P_number | 0.429 ***<br>(13.986) | | | |
| M_P_degree | | 0.428 ***<br>(14.310) | | |
| Lag_P_number | | | −0.022 ***<br>(−2.782) | |
| Lag_P_degree | | | | −0.023 ***<br>(−2.855) |

① 由于本章主回归分析采用的是滞后一期回归，因此在工具变量两阶段检验中，第一阶段回归是解释变量对工具变量进行当期水平的回归，得到解释变量的拟合值；第二阶段回归是将得到的解释变量拟合值进行滞后一期处理，再对被解释变量进行回归。

续表

| Variable | （1） | （2） | （3） | （4） |
|---|---|---|---|---|
| | 第一阶段 | | 第二阶段 H4-1、H4-2 检验 | |
| | P_number | P_degree | Loan | Loan |
| Size | 0.349 *** | 0.295 *** | 0.012 *** | 0.011 *** |
| | （25.235） | （20.700） | （3.499） | （3.579） |
| Lev | 0.025 | 0.083 | 0.094 *** | 0.095 *** |
| | （0.335） | （1.099） | （10.314） | （10.335） |
| ROA | −0.741 *** | −0.697 *** | −0.031 | −0.026 |
| | （−3.127） | （−2.855） | （−1.042） | （−0.897） |
| Top1 | −0.209 ** | −0.183 ** | −0.005 | −0.005 |
| | （−2.410） | （−2.055） | （−0.481） | （−0.428） |
| Growth | −0.062 ** | −0.079 *** | 0.052 *** | 0.052 *** |
| | （−2.404） | （−2.999） | （14.306） | （14.328） |
| TobinQ | 0.030 *** | 0.027 ** | 0.001 | 0.001 |
| | （2.730） | （2.385） | （0.905） | （0.934） |
| Std | 0.405 | 0.270 | −0.183 *** | −0.182 *** |
| | （1.297） | （0.838） | （−4.626） | （−4.593） |
| Tar | −0.094 | −0.073 | −0.077 *** | −0.077 *** |
| | （−0.623） | （−0.467） | （−4.159） | （−4.130） |
| Age | −0.064 *** | −0.060 ** | −0.021 *** | −0.021 *** |
| | （−2.668） | （−2.412） | （−6.293） | （−6.288） |
| SOE | 0.109 *** | 0.097 *** | −0.009 ** | −0.010 *** |
| | （3.684） | （3.174） | （−2.502） | （−2.622） |
| _cons | −2.867 *** | −2.419 *** | 0.007 | 0.015 |
| | （−15.743） | （−12.889） | （0.191） | （0.465） |
| Year | Yes | Yes | Yes | Yes |
| Industry | Yes | Yes | Yes | Yes |
| N | 5394 | 5394 | 4245 | 4245 |
| adj. $R^2$ | 0.275 | 0.231 | 0.098 | 0.095 |
| F | 98.591 | 78.064 | 28.968 | 28.894 |

注：**、*** 分别表示在 5%、1%的水平上显著。括号内数值为 T 值。

## 三、Heckman 两步估计法

采用 Heckman 两步估计法解决样本选择偏差问题：第一阶段是对企业是否受到环境处罚（Punish）进行 Probit 回归，控制了企业规模、总资产收益率、资产负债率、第一大股东持股比例、股权性质、成长性、有形资产占比、独立董事占比、代理成本（Manage，管理费用占比）、机构股东积极主义（Inst，机构投资者持股比例）、年度和行业虚拟变量等因素。特别地，还加入了同年同行业中除本企业之外其他所有企业受到环境处罚与否的均值（M_Punish）作为控制变量，因为同行业其他企业受处罚情况也会影响到本企业的环境处罚概率。第二阶段通过第一阶段回归计算逆米尔斯比率 IMR，其作用是为每一个样本计算出一个用于修正样本选择偏差的值，如果 IMR 大于 0，表明确实存在样本自选择问题。再将 IMR 作为控制变量分别加入模型（4-1）和模型（4-2）中对企业新增银行借款进行第二阶段 OLS 回归。

结果如表 4-9 所示：第（1）列是对第一阶段的 Probit 回归，未列出的结果显示每个样本的 IMR 指标全部大于 0，且第（2）列和第（3）列显示的第二阶段回归后的 IMR 系数显著，表明确实存在样本自选择问题。在控制 IMR 后，环境处罚频次和环境处罚力度仍与企业新增银行借款显著负相关，所有结果均类似于表 4-6，支持前文研究结论。

表 4-9　Heckman 两步估计法回归

| Variable | （1） | （2） | （3） |
|---|---|---|---|
| | 第一阶段 | 第二阶段 H4-1、H4-2 检验 | |
| | Punish | Loan | Loan |
| Lag_P_number | | −0.004 ** | |
| | | （−2.302） | |
| Lag_P_degree | | | −0.004 * |
| | | | （−1.831） |
| Size | 0.415 *** | 0.010 ** | 0.009 ** |
| | （18.124） | （2.259） | （2.112） |
| Lev | 0.281 ** | 0.107 *** | 0.107 *** |
| | （2.181） | （10.027） | （9.998） |
| ROA | −0.369 | −0.034 | −0.033 |
| | （−0.880） | （−1.035） | （−1.001） |

续表

| Variable | （1） | （2） | （3） |
|---|---|---|---|
| | 第一阶段 | 第二阶段 H4-1、H4-2 检验 | |
| | Punish | Loan | Loan |
| Top1 | −0.208<br>（−1.299） | −0.009<br>（−0.771） | −0.009<br>（−0.736） |
| Growth | −0.168 ***<br>（−3.521） | 0.065 ***<br>（15.428） | 0.066 ***<br>（15.477） |
| SOE | 0.230 ***<br>（4.880） | −0.003<br>（−0.536） | −0.003<br>（−0.609） |
| Tar | −0.578 **<br>（−2.139） | −0.095 ***<br>（−4.393） | −0.094 ***<br>（−4.380） |
| Bdind | −1.202 ***<br>（−2.946） | | |
| Manage | −1.009 ***<br>（−2.606） | | |
| Inst | −0.251 **<br>（−2.241） | | |
| M_Punish | 0.738 ***<br>（3.988） | | |
| TobinQ | | −0.001<br>（−0.724） | −0.001<br>（−0.721） |
| Std | | −0.185 ***<br>（−4.336） | −0.185 ***<br>（−4.337） |
| Age | | −0.019 ***<br>（−5.313） | −0.019 ***<br>（−5.317） |
| IMR | | 0.032 **<br>（2.055） | 0.031 **<br>（1.994） |
| _cons | −3.687 ***<br>（−10.272） | −0.011<br>（−0.181） | −0.003<br>（−0.051） |
| Year | Yes | Yes | Yes |
| Industry | Yes | Yes | Yes |
| N | 4754 | 3637 | 3637 |
| Pseudo $R^2$/adj. $R^2$ | 0.177 | 0.142 | 0.142 |
| LR chi$^2$/F | 1088.77 | 31.118 | 31.004 |

注：第（1）列回归得到 Pseudo $R^2$ 和 LR chi$^2$，其余列回归得到 adj. $R^2$ 和 F 值；*、**、*** 分别表示在 10%、5% 和 1% 的水平上显著。括号内数值为 T 值。

## 四、倾向值匹配分析

由于被处罚企业和未被处罚企业的特征变量之间可能存在显著差异，利用倾向值匹配方法，缓解样本选择偏差带来的内生性问题。首先，选取公司层面的特征变量，包括企业规模、资产负债率、资产收益率和第一大股东持股比例，并以企业是否受到环境处罚（Punish）作为被解释变量，进行 Logit 回归。其次，采用 1∶1 邻近匹配进行倾向得分匹配，用于滞后一期回归的是 1866 个样本观测值。基于匹配后样本对模型（4-1）和模型（4-2）重新回归，结果如表 4-10 所示：其所有结果均类似于表 4-6，支持本书主回归的研究结论。

表 4-10　倾向值匹配分析

| Variable | (1) Loan | (2) Loan |
|---|---|---|
| Lag_P_number | -0.007** (-2.486) | |
| Lag_P_degree | | -0.006** (-2.310) |
| Size | 0.007** (2.473) | 0.007** (2.426) |
| Lev | 0.110*** (7.580) | 0.110*** (7.593) |
| ROA | -0.062 (-1.327) | -0.059 (-1.262) |
| Top1 | 0.017 (1.052) | 0.018 (1.082) |
| Growth | 0.040*** (6.324) | 0.040*** (6.322) |
| TobinQ | 0.004* (1.813) | 0.004* (1.841) |
| Std | -0.259*** (-3.929) | -0.256*** (-3.878) |
| Tar | -0.106*** (-3.698) | -0.105*** (-3.680) |

续表

| Variable | (1)<br>Loan | (2)<br>Loan |
|---|---|---|
| Age | −0.024***<br>(−4.564) | −0.025***<br>(−4.619) |
| SOE | −0.011**<br>(−1.986) | −0.011**<br>(−2.006) |
| _cons | 0.058<br>(1.629) | 0.059*<br>(1.663) |
| Year | Yes | Yes |
| Industry | Yes | Yes |
| N | 1866 | 1866 |
| adj. $R^2$ | 0.109 | 0.109 |
| F | 12.410 | 12.362 |

注：*、**、***分别表示在10%、5%和1%的水平上显著。括号内数值为T值。

## 五、替换变量衡量方式

如表4-11所示：第（1）列是利用环境罚款金额加1取自然对数后进行滞后一期处理（Lag_Fine_degree）来替代衡量原来的环境处罚力度指标（Lag_P_degree），并对模型（4-2）进行重新回归分析，发现对假设H4-2的检验结果与表4-6类似。

第（2）～（3）列是对解释变量指标进行了替代性检验，即对环境处罚频次和环境处罚力度这两项的初始指标加1后取自然对数（Lag_P_number_ln和Lag_P_degree_ln）来代替原来的标准化处理指标（Lag_P_number和Lag_P_degree），然后根据模型（4-1）和模型（4-2）重新回归。结果发现，对假设H4-1和H4-2的检验结果均类似于表4-6，与主回归结果一致。

第（4）～（5）列是对被解释变量指标进行了替代性检验，借鉴苏冬蔚和连莉莉（2018）的做法，用企业短期借款和长期借款之和与期初总资产的比值来衡量企业银行借款，得到Debt指标，并用该指标替代原来的Loan指标，重新回归后的结果仍然与表4-6类似，支持主回归结论。

表 4-11　替换变量衡量方式

| Variable | (1) Loan | (2) Loan | (3) Loan | (4) Debt | (5) Debt |
|---|---|---|---|---|---|
| Lag_Fine_degree | −0.005 *** (−3.412) | | | | |
| Lag_P_number_ln | | −0.008 *** (−3.480) | | | |
| Lag_P_degree_ln | | | −0.006 *** (−3.455) | | |
| Lag_P_number | | | | −0.010 *** (−4.957) | |
| Lag_P_degree | | | | | −0.007 *** (−3.775) |
| Size | 0.004 ** (2.453) | 0.005 *** (2.746) | 0.005 *** (2.686) | 0.010 *** (4.645) | 0.009 *** (4.131) |
| Lev | 0.097 *** (10.722) | 0.097 *** (10.717) | 0.097 *** (10.724) | 0.545 *** (50.662) | 0.545 *** (50.590) |
| ROA | −0.004 (−0.145) | −0.005 (−0.166) | −0.004 (−0.147) | −0.102 *** (−2.961) | −0.099 *** (−2.863) |
| Top1 | −0.002 (−0.174) | −0.003 (−0.241) | −0.003 (−0.240) | −0.048 *** (−3.745) | −0.047 *** (−3.689) |
| Growth | 0.056 *** (16.562) | 0.056 *** (16.476) | 0.056 *** (16.472) | 0.053 *** (13.173) | 0.053 *** (13.233) |
| TobinQ | 0.000 (0.103) | 0.000 (0.016) | 0.000 (0.020) | −0.011 *** (−6.694) | −0.011 *** (−6.725) |
| Std | −0.170 *** (−4.402) | −0.170 *** (−4.401) | −0.170 *** (−4.406) | −0.288 *** (−6.252) | −0.288 *** (−6.238) |
| Tar | −0.077 *** (−4.141) | −0.078 *** (−4.194) | −0.078 *** (−4.191) | −0.085 *** (−3.866) | −0.085 *** (−3.856) |
| Age | −0.019 *** (−5.905) | −0.019 *** (−5.807) | −0.019 *** (−5.820) | −0.026 *** (−6.613) | −0.025 *** (−6.598) |
| SOE | −0.010 *** (−2.735) | −0.010 *** (−2.734) | −0.010 *** (−2.745) | −0.005 (−1.238) | −0.006 (−1.340) |
| _cons | 0.068 *** (3.013) | 0.064 *** (2.805) | 0.065 *** (2.866) | 0.036 (1.322) | 0.047 * (1.742) |
| Year | Yes | Yes | Yes | Yes | Yes |

续表

| Variable | （1） | （2） | （3） | （4） | （5） |
| | Loan | Loan | Loan | Debt | Debt |
| --- | --- | --- | --- | --- | --- |
| Industry | Yes | Yes | Yes | Yes | Yes |
| N | 4375 | 4375 | 4375 | 4375 | 4375 |
| adj. $R^2$ | 0.121 | 0.121 | 0.121 | 0.565 | 0.564 |
| F | 31.062 | 31.089 | 31.079 | 285.449 | 284.263 |

注：＊、＊＊、＊＊＊分别表示在10%、5%和1%的水平上显著。括号内数值为 T 值。

## 六、其他稳健性检验

表4-12是为控制地区层面的影响因素和潜在的组内自相关问题进行的稳健性检验。为控制政府环境处罚与企业新增银行借款之间在地区层面的影响因素，在控制变量中新增了地区固定效应，稳健性回归结果如第（1）列和第（2）列所示。同时为控制企业环境治理指标潜在的组内自相关问题，又在控制地区固定效应的基础上进行了公司聚类回归，结果如第（3）列至第（4）列所示。其所有结果均与表4-6结果类似，支持前文的主回归结论。

表4-12　控制地区效应和公司聚类的回归

| Variable | （1） | （2） | （3） | （4） |
| | Loan | Loan | Loan | Loan |
| --- | --- | --- | --- | --- |
| Lag_P_number | −0.005 *** | | −0.005 *** | |
| | （−3.205） | | （−3.831） | |
| Lag_P_degree | | −0.005 *** | | −0.005 *** |
| | | （−3.069） | | （−3.545） |
| Size | 0.005 *** | 0.005 *** | 0.005 *** | 0.005 ** |
| | （2.768） | （2.603） | （2.642） | （2.487） |
| Lev | 0.096 *** | 0.096 *** | 0.096 *** | 0.096 *** |
| | （10.487） | （10.490） | （8.750） | （8.747） |
| ROA | −0.012 | −0.010 | −0.012 | −0.010 |
| | （−0.398） | （−0.356） | （−0.306） | （−0.273） |
| Top1 | −0.003 | −0.003 | −0.003 | −0.003 |
| | （−0.290） | （−0.273） | （−0.302） | （−0.285） |

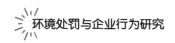
续表

| Variable | (1)<br>Loan | (2)<br>Loan | (3)<br>Loan | (4)<br>Loan |
|---|---|---|---|---|
| Growth | 0.056 *** | 0.056 *** | 0.056 *** | 0.056 *** |
| | (16.545) | (16.576) | (7.089) | (7.105) |
| TobinQ | 0.000 | 0.000 | 0.000 | 0.000 |
| | (0.276) | (0.269) | (0.276) | (0.269) |
| Std | −0.172 *** | −0.172 *** | −0.172 *** | −0.172 *** |
| | (−4.422) | (−4.414) | (−3.041) | (−3.034) |
| Tar | −0.083 *** | −0.083 *** | −0.083 *** | −0.083 *** |
| | (−4.411) | (−4.412) | (−3.989) | (−3.996) |
| Age | −0.019 *** | −0.019 *** | −0.019 *** | −0.019 *** |
| | (−5.794) | (−5.784) | (−6.552) | (−6.551) |
| SOE | −0.008 ** | −0.008 ** | −0.008 ** | −0.008 ** |
| | (−2.015) | (−2.050) | (−2.221) | (−2.266) |
| _cons | 0.064 *** | 0.068 *** | 0.064 ** | 0.068 ** |
| | (2.654) | (2.822) | (2.405) | (2.556) |
| Year | Yes | Yes | Yes | Yes |
| Industry | Yes | Yes | Yes | Yes |
| Province | Yes | Yes | Yes | Yes |
| N | 4375 | 4375 | 4375 | 4375 |
| adj. $R^2$ | 0.119 | 0.119 | 0.119 | 0.119 |
| F | 13.041 | 13.021 | 8.445 | 8.420 |

注：** 、*** 分别表示在5%、1%的水平上显著。括号内数值为 T 值。

# 第六节　异质性分析

## 一、企业规模

对于不同规模的企业，环境处罚事件引发的公众和媒体关注度、企业声誉受损程度以及银行部门对处罚信息获取程度也会不同，所以环境处罚与企业新增银行借款之间的关系可能会受到企业规模的影响。如果企业规模较大，环境处罚事件会引发更多的公众关注，媒体更愿意报道其相关负面新闻，公众环保意识的不断增强也会导致企业形象被严重侵害，引发市场负面反应（王云等，2020），企业合法性的降低还可能进一步损害财务业绩。同时银行信贷部门更容易从多个渠道获取企业负面的环境信息，增强对企业经营风险和偿债能力的关注以及对环境风险的敏感度，进而降低对企业的贷款规模。而如果企业规模较小，公众和利益相关者对这类企业的关注较少，企业声誉和业绩损失也相对较小，加之企业不愿主动披露负面信息，银行对这类信息的收集较为困难，因此这类企业的环境处罚对新增银行借款的负面影响较小。

根据企业规模的中位数进行分组，表4-13中第（1）列和第（3）列是以滞后一期的环境处罚频次（Lag_P_number）为解释变量，第（2）列和第（4）列是以滞后一期的环境处罚力度（Lag_P_degree）为解释变量，并分别根据企业规模进行的分组回归。结果显示：滞后一期的环境处罚频次和环境处罚力度对企业新增银行借款的负向影响都仅在企业规模较大组显著，而在企业规模较小组并不显著，结果与预期相符，表明环境处罚对规模较大企业的新增银行借款具有更强的"融资惩罚效应"。

表4-13　环境处罚、企业规模与企业新增银行借款

| Variable | （1） | （2） | （3） | （4） |
|---|---|---|---|---|
| | 企业规模较小 | | 企业规模较大 | |
| | Loan | Loan | Loan | Loan |
| Lag_P_number | -0.007 | | -0.005 *** | |
| | (-1.484) | | (-2.733) | |
| Lag_P_degree | | -0.005 | | -0.005 *** |
| | | (-0.813) | | (-2.805) |
| Size | 0.011 ** | 0.011 ** | 0.007 ** | 0.006 ** |
| | (2.306) | (2.264) | (2.442) | (2.315) |
| Lev | 0.096 *** | 0.096 *** | 0.097 *** | 0.097 *** |
| | (8.352) | (8.359) | (6.572) | (6.572) |
| ROA | 0.054 | 0.054 | -0.091 * | -0.091 * |
| | (1.485) | (1.502) | (-1.903) | (-1.899) |
| Top1 | 0.008 | 0.008 | -0.003 | -0.003 |
| | (0.500) | (0.495) | (-0.199) | (-0.179) |

| Variable | (1) | (2) | (3) | (4) |
|---|---|---|---|---|
| | 企业规模较小 | | 企业规模较大 | |
| | Loan | Loan | Loan | Loan |
| Growth | 0.032 *** | 0.032 *** | 0.073 *** | 0.073 *** |
| | (6.551) | (6.548) | (15.627) | (15.659) |
| TobinQ | 0.000 | 0.000 | 0.003 | 0.003 |
| | (0.202) | (0.222) | (1.094) | (1.141) |
| Std | −0.100 ** | −0.100 ** | −0.295 *** | −0.294 *** |
| | (−2.214) | (−2.208) | (−4.171) | (−4.167) |
| Tar | −0.064 ** | −0.063 ** | −0.092 *** | −0.091 *** |
| | (−2.503) | (−2.483) | (−3.411) | (−3.399) |
| Age | −0.025 *** | −0.026 *** | −0.013 *** | −0.013 *** |
| | (−5.698) | (−5.741) | (−2.729) | (−2.723) |
| SOE | −0.004 | −0.004 | −0.012 ** | −0.012 ** |
| | (−0.764) | (−0.818) | (−2.382) | (−2.388) |
| _cons | 0.039 | 0.042 | 0.031 | 0.036 |
| | (0.851) | (0.911) | (0.885) | (1.036) |
| Year | Yes | Yes | Yes | Yes |
| Industry | Yes | Yes | Yes | Yes |
| N | 2012 | 2012 | 2363 | 2363 |
| adj. $R^2$ | 0.095 | 0.094 | 0.147 | 0.147 |
| F | 11.564 | 11.478 | 21.398 | 21.422 |

注：*、**、*** 分别表示在 10%、5%和 1%的水平上显著。括号内数值为 T 值。

## 二、企业外部信息环境

企业外部信息环境不同，银行信贷部门对企业环境处罚信息的获取程度也会不同，所以环境处罚与企业新增银行借款之间的关系可能会受到企业外部信息环境的影响。如果企业外部信息环境较好，例如，分析师跟踪人数较多的情况下，由于分析师可以根据企业负面的环境治理绩效发布较差的荐股评级，则银行信贷部门也更容易从较多的分析师报告中获取企业负面的环境信息，增强对企业经营风险和偿债能力的关注以及对环境风险的敏感度，进而降低对企业的贷款规模。如果企业外部信息环境较差，那么分析师跟踪人数和对这类企业的评估报告更少，加之企业不愿主动披露负面信息，银行对这类信息的收集较为困难，因此这类企业的环境处罚对新增银行借款的负面影响较小。

本书参考前人做法（Bushman et al.，2004；钟覃琳和陆正飞，2018；朱琳和伊志宏，2020），采用分析师跟踪人数（AF）来衡量上市公司外部信息环境，分析师跟踪人数越多，则企业外部信息环境越好。表4-14是以分析师跟踪人数的中位数进行分组，第（1）列和第（3）列是以滞后一期的环境处罚频次（Lag_P_number）为解释变量，第（2）列和第（4）列是以滞后一期的环境处罚力度（Lag_P_degree）为解释变量，回归结果显示：滞后一期的环境处罚频次和环境处罚力度两项指标与企业新增银行借款的负相关关系都仅在企业外部信息环境较好组显著，而在企业外部信息环境较差组并不显著，结果与预期相符，即环境处罚对企业新增银行借款的"融资惩罚效应"主要体现在外部信息环境较好的企业中。

表4-14　环境处罚、企业外部信息环境与企业新增银行借款

| Variable | (1) | (3) | (2) | (4) |
|---|---|---|---|---|
| | 企业外部信息环境较差 | | 企业外部信息环境较好 | |
| | Loan | Loan | Loan | Loan |
| Lag_P_number | −0.004 | | −0.006 *** | |
| | (−1.315) | | (−2.965) | |
| Lag_P_degree | | −0.001 | | −0.007 *** |
| | | (−0.237) | | (−3.448) |
| Size | 0.006 * | 0.005 | 0.005 ** | 0.005 ** |
| | (1.817) | (1.497) | (2.198) | (2.233) |
| Lev | 0.085 *** | 0.085 *** | 0.100 *** | 0.100 *** |
| | (5.561) | (5.539) | (8.870) | (8.909) |
| ROA | 0.002 | 0.002 | −0.014 | −0.012 |
| | (0.032) | (0.046) | (−0.383) | (−0.335) |
| Top1 | −0.023 | −0.022 | 0.011 | 0.011 |
| | (−1.357) | (−1.302) | (0.817) | (0.817) |
| Growth | 0.069 *** | 0.069 *** | 0.047 *** | 0.047 *** |
| | (12.816) | (12.855) | (10.807) | (10.827) |
| TobinQ | −0.002 | −0.002 | 0.001 | 0.001 |
| | (−0.895) | (−0.946) | (0.861) | (0.880) |
| Std | −0.174 *** | −0.175 *** | −0.183 *** | −0.183 *** |
| | (−2.653) | (−2.659) | (−3.813) | (−3.803) |

续表

| Variable | （1） | （3） | （2） | （4） |
|---|---|---|---|---|
| | 企业外部信息环境较差 | | 企业外部信息环境较好 | |
| | Loan | Loan | Loan | Loan |
| Tar | −0.071 ** | −0.073 ** | −0.080 *** | −0.080 *** |
| | （−2.256） | （−2.311） | （−3.498） | （−3.500） |
| Age | −0.023 *** | −0.023 *** | −0.019 *** | −0.019 *** |
| | （−4.128） | （−4.123） | （−4.619） | （−4.617） |
| SOE | −0.009 | −0.010 | −0.011 ** | −0.011 ** |
| | （−1.564） | （−1.597） | （−2.335） | （−2.342） |
| _cons | 0.084 ** | 0.097 ** | 0.048 * | 0.047 * |
| | （1.982） | （2.317） | （1.717） | （1.716） |
| Year | Yes | Yes | Yes | Yes |
| Industry | Yes | Yes | Yes | Yes |
| N | 1649 | 1649 | 2726 | 2726 |
| adj. $R^2$ | 0.149 | 0.148 | 0.105 | 0.106 |
| F | 15.419 | 15.319 | 17.007 | 17.180 |

注：*、**、***分别表示在10%、5%和1%的水平上显著。括号内数值为T值。

# 第七节　进一步分析

## 一、区分短期银行借款和长期银行借款的机制检验

为了进一步检验企业新增银行借款的下降主要是由企业短期银行借款还是长期银行借款的变化导致的，本书针对企业新增的短期银行借款（Loan_shortdebt）和长期银行借款（Loan_longdebt）进行区分检验，并对这两项解释变量分别进行当期水平回归和滞后一期水平的回归，以期进一步探究企业短期借款和长期借款在时间维度上的变动趋势。

环境处罚对企业新增短期银行借款的回归分析如表4-15所示：第（1）列和第（2）列是当期的环境处罚频次和环境处罚力度（P_number 和 P_degree）

对企业新增短期银行借款（Loan_shortdebt）的回归，结果显示当期环境处罚频次与新增短期银行借款在5%水平上显著呈负相关，当期环境处罚力度与新增短期银行借款负相关却不显著，结果表明，当期的环境处罚频次显著降低了企业新增短期银行借款，而当期的环境处罚力度对企业新增短期银行借款的负面影响并不强。第（3）列和第（4）列是滞后一期的环境处罚频次和环境处罚力度（Lag_P_number 和 Lag_P_degree）对企业新增短期银行借款（Loan_shortdebt）的回归，结果显示，滞后一期的环境处罚频次和环境处罚力度均与新增短期银行借款在5%水平上显著呈负相关，表明滞后一期的环境处罚频次和环境处罚力度均显著降低了企业新增短期银行借款。

表 4-15　环境处罚对企业新增短期银行借款的回归分析

| Variable | (1) Loan_shortdebt | (2) Loan_shortdebt | (3) Loan_shortdebt | (4) Loan_shortdebt |
|---|---|---|---|---|
| P_number | −0.003 ** (−2.575) | | | |
| P_degree | | −0.002 (−1.643) | | |
| Lag_P_number | | | −0.003 ** (−2.310) | |
| Lag_P_degree | | | | −0.003 ** (−2.080) |
| Size | 0.003 *** (2.628) | 0.003 ** (2.265) | 0.003 ** (2.183) | 0.003 ** (2.036) |
| Lev | 0.062 *** (10.439) | 0.062 *** (10.436) | 0.062 *** (9.469) | 0.062 *** (9.469) |
| ROA | −0.021 (−1.109) | −0.020 (−1.065) | −0.015 (−0.691) | −0.014 (−0.656) |
| Top1 | −0.009 (−1.258) | −0.009 (−1.235) | −0.012 (−1.538) | −0.012 (−1.524) |
| Growth | 0.033 *** (16.277) | 0.033 *** (16.296) | 0.033 *** (13.335) | 0.033 *** (13.355) |
| TobinQ | −0.001 (−0.574) | −0.001 (−0.595) | 0.000 (0.197) | 0.000 (0.190) |
| Std | −0.157 *** (−6.280) | −0.157 *** (−6.304) | −0.161 *** (−5.693) | −0.161 *** (−5.688) |

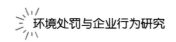

续表

| Variable | (1)<br>Loan_shortdebt | (2)<br>Loan_shortdebt | (3)<br>Loan_shortdebt | (4)<br>Loan_shortdebt |
|---|---|---|---|---|
| Tar | −0.033 *** | −0.033 *** | −0.029 ** | −0.029 ** |
| | (−2.693) | (−2.690) | (−2.172) | (−2.168) |
| Age | −0.016 *** | −0.016 *** | −0.015 *** | −0.015 *** |
| | (−8.149) | (−8.118) | (−6.354) | (−6.354) |
| SOE | −0.004 | −0.004 * | −0.007 ** | −0.007 ** |
| | (−1.594) | (−1.665) | (−2.457) | (−2.491) |
| _cons | 0.041 *** | 0.045 *** | 0.037 ** | 0.039 ** |
| | (2.718) | (3.021) | (2.204) | (2.349) |
| Year | Yes | Yes | Yes | Yes |
| Industry | Yes | Yes | Yes | Yes |
| N | 5586 | 5586 | 4375 | 4375 |
| adj. $R^2$ | 0.102 | 0.101 | 0.095 | 0.095 |
| F | 31.252 | 31.043 | 23.940 | 23.884 |

注：＊、＊＊、＊＊＊分别表示在10%、5%和1%的水平上显著。括号内数值为T值。

环境处罚对企业新增长期银行借款的回归分析如表4-16所示：第（1）列和第（2）列是当期的环境处罚频次和环境处罚力度（P_number 和 P_degree）对企业新增长期银行借款（Loan_longdebt）的回归，结果显示当期环境处罚频次与新增长期银行借款在10%水平上显著呈负相关，当期环境处罚力度与新增长期银行借款负相关却不显著，表明当期的环境处罚频次显著降低了企业新增长期银行借款，而当期的环境处罚力度对企业新增长期银行借款的负面影响并不强。第（3）列和第（4）列是滞后一期的环境处罚频次和环境处罚力度（Lag_P_number 和 Lag_P_degree）对企业新增长期银行借款（Loan_longdebt）的回归，结果显示滞后一期的环境处罚频次和环境处罚力度与新增长期银行借款分别在1%和5%水平上显著呈负相关，表明滞后一期的环境处罚频次和环境处罚力度均显著降低了企业新增长期银行借款。

总之，上述两项回归结果表明，环境处罚均会对企业短期银行借款和长期银行借款产生负向影响，且相比同期的负面影响，环境处罚的滞后一期影响更为显著，这也证明了前文主回归检验中对解释变量进行滞后一期处理做法的合理性。此外，在同期水平的回归中，本书发现，相比环境处罚力度，环境处罚频次对企业新增的短期银行借款和长期银行借款的负向影响更强，可能的原因是环境处罚的频次越多，伴随的事件叠加冲击越强，也越能够在当期增加银行对于企业经营风险和偿债能力的关注以及对环境风险的敏感度，进而产生更强的"融资惩罚效应"。而在滞后一期水平的回归中，环境处罚频次和环境处罚力度对于企业新增短期银行借款和长期银行借款的负向影响强度相当，说明银行对于企业上一期环境风险信息的获取已经比较全面，不仅关注到了环境处罚次数，还关注了环境处罚力度。

表4-16　环境处罚对企业新增长期银行借款的回归分析

| Variable | (1) Loan_longdebt | (2) Loan_longdebt | (3) Loan_longdebt | (4) Loan_longdebt |
|---|---|---|---|---|
| P_number | -0.002* (-1.893) | | | |
| P_degree | | -0.001 (-1.141) | | |
| Lag_P_number | | | -0.002*** (-2.598) | |
| Lag_P_degree | | | | -0.002** (-2.507) |
| Size | 0.001* (1.697) | 0.001 (1.407) | 0.002* (1.840) | 0.002* (1.713) |
| Lev | 0.028*** (6.379) | 0.028*** (6.376) | 0.028*** (5.737) | 0.028*** (5.742) |
| ROA | -0.000 (-0.006) | 0.000 (0.028) | -0.009 (-0.568) | -0.008 (-0.534) |
| Top1 | 0.006 (1.182) | 0.006 (1.200) | 0.007 (1.207) | 0.007 (1.217) |
| Growth | 0.021*** (13.832) | 0.021*** (13.851) | 0.017*** (9.268) | 0.017*** (9.284) |
| TobinQ | -0.000 (-0.328) | -0.000 (-0.345) | 0.001 (0.827) | 0.001 (0.825) |
| Std | -0.033* (-1.783) | -0.033* (-1.803) | -0.058*** (-2.808) | -0.058*** (-2.802) |
| Tar | -0.045*** (-4.932) | -0.044*** (-4.929) | -0.042*** (-4.278) | -0.042*** (-4.273) |

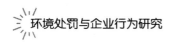

| Variable | (1) Loan_longdebt | (2) Loan_longdebt | (3) Loan_longdebt | (4) Loan_longdebt |
|---|---|---|---|---|
| Age | −0.005 *** | −0.005 *** | −0.003 * | −0.003 * |
|  | (−3.488) | (−3.464) | (−1.896) | (−1.899) |
| SOE | −0.002 | −0.002 | −0.003 | −0.003 |
|  | (−1.023) | (−1.079) | (−1.505) | (−1.533) |
| _cons | 0.029 ** | 0.031 *** | 0.023 * | 0.025 ** |
|  | (2.568) | (2.808) | (1.913) | (2.039) |
| Year | Yes | Yes | Yes | Yes |
| Industry | Yes | Yes | Yes | Yes |
| N | 5586 | 5586 | 4375 | 4375 |
| adj. $R^2$ | 0.057 | 0.057 | 0.042 | 0.042 |
| F | 17.146 | 17.031 | 10.643 | 10.618 |

注：*、**、***分别表示在10%、5%和1%的水平上显著。括号内数值为 T 值。

## 二、环境处罚对商业信用融资的进一步分析

由于环境处罚会减少企业的短期银行借款和长期银行借款，那么企业在银行借款规模受到限制之后，可能会选择其他的融资方式来解决融资困境，例如，商业信用融资。商业信用融资是在交易过程中形成的自发性短期负债融资，它和短期银行借款共同构成企业短期融资的两种主要方式。商业信用融资作为一种非正式融资渠道，逐渐成为正式金融体系的重要补充，甚至成为银行信贷的替代性融资方式（方红星和楚有为，2019）。

因此，为了检验商业信用融资是否成为企业短期银行借款的替代性融资方式，接下来分析环境处罚频次和环境处罚力度对于商业信用融资的影响。借鉴方红星和楚有为（2019）的做法，用（应付账款−预付账款）/营业成本来衡量企业商业信用融资（TC），并用 TC 指标替换模型（4-1）和模型（4-2）中的企业新增银行借款 Loan 指标，然后基于这两个模型重新进行回归分析。

对商业信用融资的回归结果如表 4-17 所示：第（1）列和第（2）列是当期的环境处罚频次和环境处罚力度（P_number 和 P_degree）对企业商业信用融资（TC）的回归，结果显示，当期环境处罚频次与企业商业信用融资在10%水平上显著呈正相关，当期环境处罚力度与企业商业信用融资正相关却不显著。

结果表明，当期的环境处罚频次显著增加了企业商业信用融资，而当期的环境处罚力度对企业商业信用融资的正向影响并不强，这与前文结论的逻辑一致。因为根据前文结论，在当期水平的回归中，相比环境处罚力度，环境处罚频次对企业新增短期和长期银行借款的负向影响更强。也正是由于当期环境处罚频次使企业新增短期银行借款明显受限，所以企业会显著增加商业信用融资作为企业短期银行借款的替补融资方式。而当期环境处罚力度并没有使企业新增短期银行借款明显受限，因此环境处罚力度对企业商业信用融资的影响也不显著。总之，这两列回归结果证明，在环境处罚的当期，商业信用融资对于企业短期银行借款的替代机制成立。

第（3）列和第（4）列是滞后一期的环境处罚频次和环境处罚力度（Lag_P_number 和 Lag_P_degree）对企业商业信用融资（TC）的回归，结果显示，滞后一期的环境处罚频次与企业商业信用融资正相关却不显著，滞后一期的环境处罚力度与企业商业信用融资虽然呈负相关但不显著。总之，这两列回归结果表明，在环境处罚的滞后一期，商业信用融资对于企业新增短期银行借款的替代机制不成立。本书认为，一方面，原因可能是企业交易过程中的利益相关者也逐渐感知到企业本身的经营风险和环境风险，因此减少了对企业商业信用的融资；另一方面，可能是环境处罚导致企业运营效率和业务流转能力下降，进而导致形成的自发性短期负债融资减少。

表 4-17　环境处罚对商业信用融资的进一步分析

| Variable | （1）<br>TC | （2）<br>TC | （3）<br>TC | （4）<br>TC |
|---|---|---|---|---|
| P_number | 0.005 *<br>（1.723） | | | |
| P_degree | | 0.001<br>（0.403） | | |
| Lag_P_number | | | 0.002<br>（0.646） | |
| Lag_P_degree | | | | -0.001<br>（-0.159） |
| Size | -0.009 ***<br>（-3.135） | -0.008 ***<br>（-2.716） | -0.006 *<br>（-1.797） | -0.005<br>（-1.553） |
| Lev | 0.169 ***<br>（11.418） | 0.169 ***<br>（11.427） | 0.152 ***<br>（8.996） | 0.152 ***<br>（9.006） |

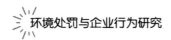

续表

| Variable | (1) TC | (2) TC | (3) TC | (4) TC |
|---|---|---|---|---|
| ROA | 0.013 | 0.011 | −0.020 | −0.022 |
|  | (0.275) | (0.222) | (−0.369) | (−0.403) |
| Top1 | 0.033 * | 0.032 * | 0.043 ** | 0.042 ** |
|  | (1.858) | (1.811) | (2.118) | (2.079) |
| Growth | −0.005 | −0.005 | 0.001 | 0.001 |
|  | (−0.947) | (−1.010) | (0.134) | (0.085) |
| TobinQ | 0.007 *** | 0.007 *** | 0.008 *** | 0.008 *** |
|  | (3.273) | (3.311) | (3.106) | (3.138) |
| Std | 0.296 *** | 0.298 *** | 0.230 *** | 0.230 *** |
|  | (4.806) | (4.830) | (3.183) | (3.183) |
| Tar | −0.016 | −0.016 | 0.054 | 0.054 |
|  | (−0.530) | (−0.525) | (1.539) | (1.534) |
| Age | −0.019 *** | −0.019 *** | −0.022 *** | −0.022 *** |
|  | (−3.778) | (−3.819) | (−3.548) | (−3.567) |
| SOE | 0.008 | 0.009 | 0.009 | 0.010 |
|  | (1.356) | (1.441) | (1.345) | (1.395) |
| _cons | 0.191 *** | 0.179 *** | 0.135 *** | 0.127 *** |
|  | (5.038) | (4.754) | (3.104) | (2.944) |
| Year | Yes | Yes | Yes | Yes |
| Industry | Yes | Yes | Yes | Yes |
| N | 4995 | 4995 | 3849 | 3849 |
| adj. $R^2$ | 0.082 | 0.081 | 0.064 | 0.064 |
| F | 22.197 | 22.051 | 14.151 | 14.130 |

注：*、**、*** 分别表示在10%、5%和1%的水平上显著。括号内数值为 T 值。

## 三、环境处罚对企业融资约束程度的进一步分析

根据前文结论，环境处罚显著降低了企业新增银行借款的规模，且这种负面影响不只是在当期显著，在下一期会更加显著，这会进一步加剧企业的融资约束程度。为了检验环境处罚对企业融资约束程度的影响，借鉴魏志华等（2014）的做法，构建 KZ 指数衡量企业融资约束程度，KZ 指数越大，表明融

资约束程度越高。用 KZ 指标替换模型（4-1）和模型（4-2）中的企业新增银行借款 Loan 指标，然后基于这两个模型重新进行回归分析。

对企业融资约束程度的回归结果如表 4-18 所示：第（1）列和第（2）列是当期的环境处罚频次和环境处罚力度（P_number 和 P_degree）对企业融资约束程度（KZ）的回归，结果显示，当期环境处罚频次和环境处罚力度分别与企业融资约束程度在 1% 和 5% 水平上显著呈正相关，表明当期的环境处罚显著加剧了企业当期的融资约束程度。第（3）列和第（4）列是滞后一期的环境处罚频次和环境处罚力度（Lag_P_number 和 Lag_P_degree）对企业融资约束程度（KZ）的回归，结果显示，滞后一期的环境处罚频次和环境处罚力度分别与企业融资约束程度在 1% 和 5% 水平上显著正相关，表明当期的环境处罚显著加剧了企业下期的融资约束程度。总之，上述回归结果表明，在环境处罚的当期和下期，环境处罚频次和环境处罚力度还会进一步加剧企业融资约束程度，结论与预期相符。

表 4-18　环境处罚对企业融资约束的进一步分析

| Variable | (1) KZ | (2) KZ | (3) KZ | (4) KZ |
|---|---|---|---|---|
| P_number | 0.059*** (2.847) | | | |
| P_degree | | 0.040** (1.994) | | |
| Lag_P_number | | | 0.059*** (2.612) | |
| Lag_P_degree | | | | 0.046** (1.994) |
| Size | -0.195*** (-8.598) | -0.186*** (-8.346) | -0.218*** (-8.701) | -0.210*** (-8.525) |
| Lev | 5.820*** (49.812) | 5.818*** (49.764) | 5.873*** (44.712) | 5.872*** (44.693) |
| ROA | -14.800*** (-39.043) | -14.819*** (-39.088) | -14.646*** (-34.612) | -14.668*** (-34.668) |
| Top1 | -0.686*** (-5.147) | -0.689*** (-5.169) | -0.653*** (-4.394) | -0.656*** (-4.415) |
| Growth | -0.470*** (-11.509) | -0.471*** (-11.522) | -0.397*** (-7.879) | -0.399*** (-7.914) |

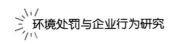
续表

| Variable | (1) KZ | (2) KZ | (3) KZ | (4) KZ |
|---|---|---|---|---|
| TobinQ | 0.437 *** | 0.437 *** | 0.414 *** | 0.415 *** |
|  | (25.057) | (25.067) | (21.562) | (21.568) |
| Std | −4.241 *** | −4.233 *** | −5.592 *** | −5.599 *** |
|  | (−8.102) | (−8.082) | (−8.876) | (−8.884) |
| Tar | −0.718 *** | −0.719 *** | −0.734 *** | −0.735 *** |
|  | (−3.084) | (−3.084) | (−2.861) | (−2.862) |
| Age | 0.112 *** | 0.111 *** | 0.019 | 0.018 |
|  | (3.033) | (3.001) | (0.416) | (0.407) |
| SOE | 0.099 ** | 0.103 ** | 0.126 ** | 0.129 ** |
|  | (2.155) | (2.235) | (2.477) | (2.541) |
| _cons | 0.602 ** | 0.522 * | 1.332 *** | 1.263 *** |
|  | (2.102) | (1.839) | (4.185) | (3.999) |
| Year | Yes | Yes | Yes | Yes |
| Industry | Yes | Yes | Yes | Yes |
| N | 5400 | 5400 | 4172 | 4172 |
| adj. $R^2$ | 0.645 | 0.644 | 0.633 | 0.633 |
| F | 467.270 | 466.716 | 360.570 | 360.181 |

注：*、**、***分别表示在10%、5%和1%的水平上显著。括号内数值为T值。

# 第八节　本章小结

本章分析了环境处罚对企业新增银行借款的影响，并以2012～2018年沪深A股重污染行业上市公司为研究样本。结果发现，环境处罚频次和环境处罚力度均能显著负向影响企业新增银行借款，即环境处罚频次越多以及环境处罚力度越大，越能够降低企业新增银行借款，这表明环境处罚对于企业新增银行借款具有"融资惩罚效应"。本章在进行了一系列的稳健性检验后，其主要研究结论保持不变。此外，异质性分析发现，环境处罚对于企业新增银行借款的"融资惩罚效应"主要体现在企业规模较大组和企业外部信息环境较好组。进一步分析发现，环境处罚频次和环境处罚力度对企业新增银行借款的负向影响同时源于企业新增的短期银行借款和长期银行借款规模的减少，并且相比同期的负面影响，环境处罚对企业新增银行借款的滞后一期影响更为显著。此外，在环境处罚的当期，环境处罚频次会显著增加企业商业信用融资，在环境处罚的当期和下期，环境处罚频次和环境处罚力度还会进一步加剧企业融资约束程度。本章结论表明，环境处罚事件具有明显的信息含量，传递了企业前景的负面信息，并提升了银行对于企业环境风险和经营风险的感知，减少了企业新增银行借款。

# 第五章　环境处罚对企业税负的影响

## 第一节　引言

为了进一步规制企业的环境行为，政府部门还与税务部门联手将环境管制政策与税收政策相结合。根据环保产业税收优惠政策，在企业因环境违规受到政府环境处罚后，政府和税务部门可以将税收政策作为一种管理工具，采用多种方式对企业进行税收方面的"惩罚"。其中，涉及的税种包括企业所得税、增值税、资源税、环境税和消费税等多个方面，涉及的方式包括追缴增值税免税额及滞纳金、补缴退税款及滞纳金、退回政府补助等。

如果企业面临政府环境处罚，这将会严重影响税务部门对于企业是否满足环境友好型分类条件的评估，进而对企业享有的税收优惠政策产生不利影响。这些不利影响可能包括不再享受所得税的减征或免征的税收优惠，三年内不可申请减免增值税的税收优惠，且还要追缴往期已经享受的增值税优惠。所以本书认为，环境处罚对企业整体税负会产生较大的负面影响，被政府实施环境处罚的企业可能会面临"税收惩罚效应"。

为了检验环境处罚是否会对企业产生"税收惩罚效应"，基于环境处罚的广度和深度两个层面，并从企业税负的角度探究如下两个问题：一是环境处罚频次如何影响企业税负？二是环境处罚力度如何影响企业税负？

# 第二节　理论分析与研究假设

## 一、环境处罚频次对企业税负的影响

从环境处罚的广度层面探究环境处罚频次对企业税负的影响。本书认为，环境处罚次数越多，企业承担的税负越重，具体包括以下三种影响路径：

第一，环境处罚事件映射出企业违背了环境保护和环境友好的原则，继而可能丧失享受环保产业相关税收优惠政策的资格，使企业当年甚至是三年内都不再享有税收优惠，这会直接增加企业税负。一方面，对于企业所得税的优惠政策，企业满足环境友好型的分类条件即可减征或免征，不满足条件将不享受减征或免征的税收优惠政策，所以企业一旦面临环境处罚，那么暴露的环境风险可能使企业所得税税负增加；另一方面，依据增值税多条现行政策，增值税要求非常明确，企业超标处罚则追缴增值税，且三年内不可申请减免，税罚力度超过其他税项。所以企业一旦面临环境处罚，那么暴露的环境风险不仅使企业失去了增值税的相关减免优惠，还会面临增值税的相关惩罚，导致增值税税负增加。此外，环境处罚还会影响到企业其他税种的优惠政策，例如，企业被环境处罚的原因如果涉及污染超标等问题，那么企业在环境税方面的优惠力度将会减小甚至不再享受环境税税收优惠的资格。总体而言，环境处罚对企业整体税负会产生直接的负面影响。

第二，环境处罚降低了企业新增银行借款的规模，进一步弱化了债务融资的"税盾"效应，间接地增加了企业税负水平。因为企业新增银行借款规模的降低会减少企业在税前支付的债务资本本金和利息费用，相应地，企业应纳税所得额就会相对更大，进而产生更多的所得税税负。这与上述直接增加税负的影响路径共振，会进一步强化环境处罚导致企业承担更多税负的作用效果。

第三，环境处罚损害了企业声誉、合法性并减弱了政府信任，继而也会降低政府对企业避税行为的宽容度。因为部分企业可能将履行环境责任作为一种寻租手段，换取政府信任或获得政府对其避税行为的宽容（刘畅和张景华，2020），以较小的风险从事更多的避税活动（李增福等，2016）。而环境处罚映射了企业较差的环境治理水平和较高的环境风险，企业的经营合法性和政府信任度就会受到威胁。那么相比没有被环境处罚的企业，被环境处罚的企业在避税行为方面应该更加谨慎，表现为减少避税活动并严格规范地交纳税金，所以这也可能导致企业整体税负水平上升。

此外，虽然环境处罚使得企业经营业绩下降，导致企业应纳税所得额的税基被削弱，但由于企业丧失了相关税收优惠的资格，环境处罚也会使企业税率提高。所以企业税负最终不一定会下降，即使有所下降，这种原因导致的企业税负下降幅度要远小于上述分析的企业税负增加幅度。综上所述，当企业受到的环境处罚频次越多时，企业税负累积增加的幅度可能越大，因此提出假设 H5-1：

**假设 H5-1：环境处罚频次会正向影响企业税负，即环境处罚频次越多，企业承担的税负越重。**

## 二、环境处罚力度对企业税负的影响

从环境处罚的深度层面探究环境处罚力度对企业税负的影响。就企业而言，如果企业所受的环境处罚程度较轻，那么税收优惠政策的负向影响较小，比如，按照规定，未满 1 万元的环保处罚不会影响企业享受所得税、增值税和环保税的税收优惠，而如果环保处罚金额超过 1 万元，企业既不能继续享受税收优惠，还可能面临税收方面的惩罚。并且由于企业与税务部门之间存在一定的信息不对称①，尤其是当企业面临责令改正之类的轻度处罚时，企业通常不会主动披露这类处罚信息，如此一来，这些轻度处罚的信息也不会引起其他利益相关者和税务部门的关注，进而不太可能直接影响到企业的税收负担。此外，轻度的环境处罚对企业债务融资的"税盾效应"以及企业本身的避税行为影响都较小，也不太可能间接影响到企业的税收负担。

如果企业所受的环境处罚程度较重，这直接会对税收优惠政策产生重大冲击，包括追缴免税额、补缴退税款、缴纳滞纳金、退回政府补助等多种方式的负面影响。例如，海峡环保因子公司 2014 年被环保局处罚 5.71 万元，2017年被税务局追缴增值税免税额及滞纳金共 143.18 万元。类似的案例举不胜举，可见环保处罚会直接导致企业面临几万元到几百万元甚至几千万元不等

---

① 实际上确实存在因信息不对称等原因，造成企业虽然有环保罚单却依然享受税收优惠的现象。例如，杭钢股份旗下松阳某水务有限公司，2018 年受到环保罚款 100 万元，而 2015~2020 年公司 2019 年半年报披露，依据《中华人民共和国企业所得税法实施条例》享受税收优惠。资料来源：https：//baiji-ahao. baidu. com/s？id=1670180459250684739&wfr=spider&for=pc。

的税收负担。而且企业声誉、合法性、政府对企业避税行为的宽容度和债务融资规模等也会随着环境处罚力度的加大而大幅度减少，其中，企业新增银行借款规模的减少还会减弱债务"税盾效应"，这些因素也会间接增加企业税负。

此外，从环境处罚信息披露的角度来看，企业所受的环境处罚程度越重，这类环境处罚事件越会吸引更多的公众关注，媒体也更愿意报道其相关负面新闻。同时企业与税务部门之间的信息不对称减少，税务部门也更容易从多个渠道获取企业负面的环境信息，增强对企业环境风险的敏感度，减少对企业的税收优惠，并重新评估其纳税信用。

综上所述，本书认为，企业面临的环境处罚力度越大，税务部门对企业的"税收惩罚"越大，企业需要交纳并承担的税负也会越重。所以提出假设H5-2：

**假设 H5-2：环境处罚力度会正向影响企业税负，即环境处罚力度越大，企业承担的税负越重。**

# 第三节 研究设计

## 一、样本选择与数据来源

基于 2012~2018 年沪深 A 股上市公司，并依据 2010 年《上市公司环境信息披露指南》（征求意见稿）中界定的 16 类重污染行业，选取重污染行业的上市公司作为研究样本，并执行以下三个样本筛选程序：一是剔除金融行业公司和 ST、PT 类的样本；二是剔除年度财务报告和财务数据等缺失的样本；三是借鉴前人做法（刘行和叶康涛，2014；曹越等，2017；范子英和赵仁杰，2020），剔除了税前会计利润小于等于 0 和税收净支出小于 0 的样本，并剔除应交所得税、应交增值税和应交营业税小于 0 的样本，还剔除了实际所得税税负和增值税税负小于 0 的样本。考虑到企业被环境处罚后，可能面临要追缴和补缴几万元到几百万元不等的税额，因此，对于各项税负大于 1 的样本并未删除，最后获得 3584 个公司年度观测值。所需环境处罚数据是利用爬虫软件收集于公众环境研究中心网站（IPE），公司财务数据来自 CSMAR 数据库，还对连续变量进行了缩尾处理。

## 二、研究方法与模型构建

首先，构建模型（5-1）以检验假设 H5-1，构建模型（5-2）以检验假设 H5-2；其次，根据模型进行 OLS 回归分析：

$$
\begin{aligned}
\text{Taxburden}_{i,t} = {} & \alpha_0 + \alpha_1 \text{P\_number}_{i,t} + \alpha_2 \text{Size}_{i,t} + \alpha_3 \text{ROA}_{i,t} + \alpha_4 \text{Gross}_{i,t} + \alpha_5 \text{Lev}_{i,t} + \\
& \alpha_6 \text{Growth}_{i,t} + \alpha_7 \text{Capint}_{i,t} + \alpha_8 \text{Invint}_{i,t} + \alpha_9 \text{Cash}_{i,t} + \alpha_{10} \text{Inta}_{i,t} + \\
& \alpha_{11} \text{Eqinc}_{i,t} + \alpha_{12} \text{Top1}_{i,t} + \alpha_{13} \text{Age}_{i,t} + \alpha_{14} \text{Bdind}_{i,t} + \alpha_{15} \text{SOE}_{i,t} + \\
& \text{Year} + \text{Industry} + \varepsilon
\end{aligned}
\tag{5-1}
$$

$$
\begin{aligned}
\text{Taxburden}_{i,t} = {} & \beta_0 + \beta_1 \text{P\_degree}_{i,t} + \beta_2 \text{Size}_{i,t} + \beta_3 \text{ROA}_{i,t} + \beta_4 \text{Gross}_{i,t} + \beta_5 \text{Lev}_{i,t} + \\
& \beta_6 \text{Growth}_{i,t} + \beta_7 \text{Capint}_{i,t} + \beta_8 \text{Invint}_{i,t} + \beta_9 \text{Cash}_{i,t} + \beta_{10} \text{Inta}_{i,t} + \\
& \beta_{11} \text{Eqinc}_{i,t} + \beta_{12} \text{Top1}_{i,t} + \beta_{13} \text{Age}_{i,t} + \beta_{14} \text{Bdind}_{i,t} + \beta_{15} \text{SOE}_{i,t} + \\
& \text{Year} + \text{Industry} + \varepsilon
\end{aligned}
\tag{5-2}
$$

上述两个模型中的被解释变量都是企业整体税负（Taxburden），为了提高计量指标的可靠性，采用有效税率法（Hanlon and Heitzman，2010），并利用现金流量表提供的税收支付信息对其进行衡量（吴祖光和万迪昉，2012）。一方面，对于有效税率的衡量，国外文献使用较多的是有效所得税率，即企业实际缴纳的所得税除以息税前利润；另一方面，由于国外税制主要是以所得税为主，而中国税制是以流转税和所得税为主的"双主体"税制结构，企业所得税和增值税在税收收入中占主导地位，因此，在考察我国企业税负时，应当将企业交纳的流转税等税负纳入考虑范围（刘骏和刘峰，2014）。综合借鉴前人的做法（吴祖光和万迪昉，2012；刘骏和刘峰，2014；Bradshaw et al.，2019），构建了基于现金流量表的企业业实际税负衡量指标。首先是企业整体税负指标 1：Taxburden1 = TaxNCF/EBIT，其中，TaxNCF 等于支付的各项税费减去收到的税费返还[①]，EBIT 是息税前利润[②]。由于现金流量表的编制基础是"收付实现制"，其金额可能与本期应计入费用的税收负担不一致，为稳健起见，对该指标进行了 t−1 期、t 期、t+1 期的移动平均。因此，同时设置了企业整体税负指标 2：Taxburden2 = TaxNCF_avg/

---

① 我国现行会计准则规定，企业现金流量表中"支付的各项税费"项目包含企业应当交纳的各种税费，"收到的税费返还"项目则包含了企业收到的全部税费返还，因此两者之差基本可以涵盖企业当期全部税费净支出。

② 考虑到环境处罚会对企业经营成本产生较多影响，因此在计算企业税负指标时，分母如果仅仅使用营业收入会导致指标衡量有失偏颇，而使用息税前利润衡量的指标比较全面，这也与主流文献的普遍做法一致。

EBIT，其中，TaxNCF_avg 等于 TaxNCF 在 t-1 期、t 期、t+1 期的三年平均值。所以企业整体税负（Taxburden）的衡量包括 Taxburden1 和 Taxburden2 两种方式。

模型（5-1）的解释变量为环境处罚频次（P_number），模型（5-2）的解释变量是环境处罚力度（P_degree），这两项解释变量的衡量方法与第四章中的衡量方法一致。此外，借鉴前人做法（曹越等，2017；杨旭东等，2020；范子英和赵仁杰，2020），还控制了公司特征的相关变量，并控制了年度和行业变量。具体变量定义如表 5-1 所示。

表 5-1　变量定义

| 变量符号 | 变量名称 | 变量定义 |
|---|---|---|
| Taxburden1 | 企业整体税负 1 | 企业税费净现金流（TaxNCF）/息税前利润，其中 TaxNCF = 支付的各项税费-收到的税费返还 |
| Taxburden2 | 企业整体税负 2 | 企业税费净现金流均值（TaxNCF_avg）/息税前利润，其中 TaxNCF_avg 是 TaxNCF 在 t-1 期、t 期、t+1 期的三年平均值 |
| Taxpay | 企业税费支付率 | 支付的各项税费/息税前利润 |
| Taxrfd | 企业税费返还率 | 收到的税费返还/息税前利润 |
| EITburden | 所得税税负 | （所得税费用-递延所得税-Δ 应交所得税）/息税前利润 |
| VATburden | 增值税税负 | ［支付的各项税费-收到的税费返还-（所得税费用-递延所得税-Δ 应交所得税）-（营业税金及附加-Δ 应交的营业税金及附加）］/息税前利润，其中，应交的营业税金及附加=应交税费-应交所得税-应交增值税 |
| P_number_original | 环境处罚频次初始指标 | 按企业-年度加总过去一年中上市公司及其关联公司因环境违规受到处罚的总次数 |
| P_degree_original | 环境处罚力度初始指标 | 按企业-年度对过去一年中上市公司及其关联公司受环境处罚的次数和相应的分值权重进行相乘后加总得到的总分值 |
| P_number | 环境处罚频次 | 对环境处罚频次的初始指标进行标准化处理 |
| P_degree | 环境处罚力度 | 对环境处罚力度的初始指标进行标准化处理 |
| Punish | 环境处罚 | 企业当年受到环境处罚的次数达到一次及以上的取值为 1，否则为 0 |
| Size | 企业规模 | 总资产的自然对数 |
| ROA | 总资产收益率 | 税前总利润/总资产 |
| Gross | 销售毛利率 | （营业收入-营业成本）/营业收入 |

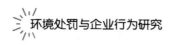

续表

| 变量符号 | 变量名称 | 变量定义 |
|---|---|---|
| Lev | 资产负债率 | 总负债与总资产的比值 |
| Growth | 公司成长性 | 营业利润增长率 |
| Capint | 资本密集度 | 年末固定资产净值/总资产 |
| Invint | 存货密集度 | 年末存货净值/总资产 |
| Cash | 现金占比 | 现金/总资产 |
| Inta | 无形资产占比 | 年末无形资产净值/总资产 |
| Eqinc | 投资收益 | 投资收益/总资产 |
| Top1 | 股权集中度 | 第一大股东持股比例 |
| Age | 上市年龄 | 公司上市年龄的自然对数 |
| Bdind | 独立董事占比 | 独立董事/董事会总人数 |
| SOE | 产权性质 | 国有企业取值为1，否则为0 |
| Year | 年度 | 年度虚拟变量 |
| Industry | 行业 | 行业虚拟变量 |

注：Δ 代表期末余额与期初余额之间的差值。

# 第四节　主要实证结果分析

## 一、描述性统计

描述性统计如表 5-2 所示：在有关被解释变量的统计中，企业整体税负第一个衡量指标（Taxburden1）的中位值为 0.723，表明有一半样本的 Taxburden1 指标是低于 0.723，而其均值为 1.241，明显大于中位值，并且其最小值和最大值分别为 0.135 和 9.304，这不仅表明企业间整体实际税负有较大差异，而且表明有一小部分样本的整体税负水平异常偏高，导致均值较大。企业整体税负第二个衡量指标（Taxburden2）的数据分布与 Taxburden1 类似。在有关解释变量的统计中，环境处罚频次的初始指标（P_number_original）均值、中值以及最大值分别为 1.425、0 和 21，标准差偏小。环境处罚力度的初始指标（P_degree_origi-

nal）均值、中值以及最大值分别为 2.734、0 和 47，标准差偏大，说明环境处
罚力度的数据分布离散。这两项指标经过标准化处理后，由于符合正态分布，
其均值和标准差都分别为 0 和 1。环境处罚哑变量（Punish）的统计结果显示其
均值为 0.360，说明有 36% 的样本是受到环境处罚的企业年度观测值，所以不
存在明显的样本有偏问题。此外，其他控制变量的数据统计也基本与前人结果
类似。

表 5-2 描述性统计

| Variable | N | mean | min | p50 | max | sd |
|---|---|---|---|---|---|---|
| Taxburden1 | 3584 | 1.241 | 0.135 | 0.723 | 9.304 | 1.501 |
| Taxburden2 | 3584 | 1.284 | 0.128 | 0.718 | 9.768 | 1.607 |
| P_number_original | 3584 | 1.425 | 0 | 0 | 21 | 3.362 |
| P_degree_original | 3584 | 2.734 | 0 | 0 | 47 | 7.347 |
| P_number | 3584 | 0 | −0.424 | −0.424 | 5.823 | 1 |
| P_degree | 3584 | 0 | −0.372 | −0.372 | 6.025 | 1 |
| Punish | 3584 | 0.360 | 0 | 0 | 1 | 0.480 |
| Size | 3584 | 8.494 | 6.227 | 8.287 | 12.43 | 1.263 |
| ROA | 3584 | 0.057 | 0.001 | 0.045 | 0.228 | 0.048 |
| Gross | 3584 | 0.327 | 0.027 | 0.284 | 0.869 | 0.197 |
| Lev | 3584 | 0.392 | 0.054 | 0.380 | 0.844 | 0.194 |
| Growth | 3584 | 0.172 | −0.509 | 0.099 | 2.636 | 0.410 |
| Capint | 3584 | 0.292 | 0.027 | 0.265 | 0.768 | 0.166 |
| Invint | 3584 | 0.118 | 0.002 | 0.097 | 0.482 | 0.093 |
| Cash | 3584 | 0.161 | 0.012 | 0.128 | 0.564 | 0.115 |
| Inta | 3584 | 0.053 | 0 | 0.041 | 0.306 | 0.048 |
| Eqinc | 3584 | 0.006 | −0.007 | 0.001 | 0.098 | 0.014 |
| Top1 | 3584 | 0.359 | 0.100 | 0.341 | 0.771 | 0.149 |
| Age | 3584 | 2.245 | 0.693 | 2.398 | 3.219 | 0.707 |
| Bdind | 3584 | 0.372 | 0.333 | 0.333 | 0.571 | 0.052 |
| SOE | 3584 | 0.417 | 0 | 0 | 1 | 0.493 |

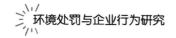

## 二、单变量分析

为了更直观地考察环境处罚与企业税负之间的关系，按照企业是否被环境处罚（Punish）进行分组，比较两组企业整体税负之间的差异。单变量分析结果如表5-3所示：可以发现，被环境处罚的目标企业年度观测值是1291个，没有被环境处罚的其他企业年度观测值是2293个。被环境处罚企业的税负指标（Taxburden1）的均值为1.390，高于未被环境处罚企业税负指标（Taxburden1）的均值1.156，对两者进行均值T检验，结果在1%水平上显著。类似地，被环境处罚企业的税负指标（Taxburden2）的均值为1.439，高于未被环境处罚企业税负指标（Taxburden2）的均值1.197，对两者进行均值T检验，结果在1%水平上显著。结果表明，被环境处罚的企业有着更高的税负水平，与本书假设逻辑相符。

表5-3　单变量分析（以是否被环境处罚分组）

| Variable | Punish = 0 | | Punish = 1 | | Mean-Diff |
|---|---|---|---|---|---|
| | N | Mean | N | Mean | |
| Taxburden1 | 2293 | 1.156 | 1291 | 1.390 | -0.234*** |
| Taxburden2 | 2293 | 1.197 | 1291 | 1.439 | -0.242*** |

## 三、相关性分析

主要变量的相关性分析结果如表5-4所示：整体而言，除了环境处罚频次（P_number）和环境处罚力度（P_degree）之间以及企业税负的两项指标（Taxburden1）和（Taxburden2）之间的相关性系数较大之外，其他所有变量之间相关系数均不超过0.5，表明基本不存在共线性问题。具体而言，环境处罚频次与企业税负的两项指标都显著呈正相关，初步验证了假设H5-1，环境处罚力度与企业税负的两项指标都显著正相关，初步验证了假设H5-2。

表 5-4　相关性分析

| Variable | Taxburden1 | Taxburden2 | P_number | P_degree | Size | ROA | Gross | Lev | Growth | Capint | Invint | Cash | Inta | Eqinc | Top1 | SOE |
|---|---|---|---|---|---|---|---|---|---|---|---|---|---|---|---|---|
| Taxburden1 | 1 | | | | | | | | | | | | | | | |
| Taxburden2 | 0.950 *** | 1 | | | | | | | | | | | | | | |
| P_number | 0.133 *** | 0.133 *** | 1 | | | | | | | | | | | | | |
| P_degree | 0.117 *** | 0.116 *** | 0.896 *** | 1 | | | | | | | | | | | | |
| Size | 0.106 *** | 0.083 *** | 0.489 *** | 0.439 *** | 1 | | | | | | | | | | | |
| ROA | -0.435 *** | -0.437 *** | -0.140 *** | -0.129 *** | -0.094 *** | 1 | | | | | | | | | | |
| Gross | -0.151 *** | -0.164 *** | -0.177 *** | -0.166 *** | -0.142 *** | 0.520 *** | 1 | | | | | | | | | |
| Lev | 0.268 *** | 0.250 *** | 0.270 *** | 0.251 *** | 0.475 *** | -0.416 *** | -0.412 *** | 1 | | | | | | | | |
| Growth | -0.167 *** | -0.179 *** | -0.056 *** | -0.056 *** | -0.023 | 0.159 *** | 0.052 *** | 0.016 | 1 | | | | | | | |
| Capint | 0.161 *** | 0.156 *** | 0.283 *** | 0.245 *** | 0.307 *** | -0.247 *** | -0.294 *** | 0.364 *** | -0.115 *** | 1 | | | | | | |
| Invint | 0.072 *** | 0.066 *** | -0.105 *** | -0.099 *** | -0.082 *** | -0.067 *** | -0.061 *** | 0.054 *** | 0.003 | -0.301 *** | 1 | | | | | |
| Cash | -0.130 *** | -0.127 *** | -0.166 *** | -0.144 *** | -0.239 *** | 0.326 *** | 0.283 *** | -0.364 *** | 0.014 | -0.424 *** | -0.049 *** | 1 | | | | |
| Inta | 0.078 *** | 0.074 *** | 0.058 *** | 0.051 *** | 0.027 | -0.031 * | 0.027 | 0.034 ** | 0.042 ** | -0.065 *** | -0.092 *** | -0.107 *** | 1 | | | |
| Eqinc | -0.070 *** | -0.061 *** | -0.018 | -0.014 | -0.018 | 0.176 *** | -0.004 | -0.038 ** | -0.022 | -0.116 *** | -0.060 *** | 0.021 | -0.056 *** | 1 | | |
| Top1 | 0.063 *** | 0.063 *** | 0.138 *** | 0.122 *** | 0.299 *** | 0.056 *** | -0.022 | 0.083 *** | -0.034 ** | 0.124 *** | 0.010 | -0.040 ** | 0.050 *** | -0.047 *** | 1 | |
| SOE | 0.221 *** | 0.213 *** | 0.249 *** | 0.226 *** | 0.373 *** | -0.160 *** | -0.189 *** | 0.313 *** | -0.089 *** | 0.362 *** | -0.067 *** | -0.144 *** | 0.069 *** | 0.053 *** | 0.176 *** | 1 |

注: *、**、*** 分别表示在 10%、5% 和 1% 的水平上显著。

## 四、回归结果分析

多元回归分析如表5-5所示：第（1）列和第（3）列是基于模型（5-1）的回归结果，被解释变量分别为企业税负的两种衡量指标（Taxburden1 和 Taxburden2），解释变量均为环境处罚频次（P_number）。结果显示，环境处罚频次与企业税负的两项指标均在1%水平上显著呈正相关，表明环境处罚的频次越多，企业承担的整体税负就越重，回归结果与理论预期一致，支持了假设H5-1。第（2）列和第（4）列是基于模型（5-2）的回归结果，被解释变量分别为企业税负的两种衡量指标（Taxburden1 和 Taxburden2），解释变量均为环境处罚力度（P_degree）。结果显示，环境处罚力度与企业税负的两项指标也分别在5%和1%水平上显著呈正相关，表明环境处罚力度越大，企业承担的整体税负越重，回归结果与理论预期一致，支持了假设H5-2。

从控制变量的回归结果来看，企业规模（Size）与企业整体税负显著呈负相关，总资产收益率（ROA）与企业整体税负显著呈负相关，这都与刘行和叶康涛（2014）以及赵纯祥等（2019）的回归结果一致；而资产负债率（Lev）与企业整体税负显著呈正相关，这也与赵纯祥等（2019）和田彬彬等（2020）的结果一致；另外，销售毛利率（Gross）与企业整体税负显著呈正相关，表明企业营业毛利越高，企业税负越高。

表5-5　环境处罚频次和环境处罚力度对企业税负的回归分析

| Variable | (1) Taxburden1 | (2) Taxburden1 | (3) Taxburden2 | (4) Taxburden2 |
|---|---|---|---|---|
| P_number | 0.071*** (2.828) | | 0.095*** (3.518) | |
| P_degree | | 0.056** (2.315) | | 0.076*** (2.895) |
| Size | -0.093*** (-3.832) | -0.085*** (-3.570) | -0.139*** (-5.321) | -0.128*** (-5.012) |
| ROA | -13.533*** (-23.156) | -13.549*** (-23.178) | -14.438*** (-22.960) | -14.460*** (-22.985) |
| Gross | 1.171*** (8.420) | 1.166*** (8.378) | 1.061*** (7.087) | 1.053*** (7.035) |

续表

| Variable | （1）<br>Taxburden1 | （2）<br>Taxburden1 | （3）<br>Taxburden2 | （4）<br>Taxburden2 |
|---|---|---|---|---|
| Lev | 1.001 *** | 0.995 *** | 0.906 *** | 0.897 *** |
| | （6.674） | （6.625） | （5.613） | （5.551） |
| Growth | −0.305 *** | −0.305 *** | −0.374 *** | −0.374 *** |
| | （−5.635） | （−5.629） | （−6.422） | （−6.413） |
| Capint | 0.809 *** | 0.833 *** | 0.701 *** | 0.732 *** |
| | （4.407） | （4.550） | （3.546） | （3.716） |
| Invint | 0.508 * | 0.506 * | 0.455 | 0.452 |
| | （1.793） | （1.785） | （1.491） | （1.482） |
| Cash | 0.480 ** | 0.482 ** | 0.454 * | 0.456 * |
| | （2.105） | （2.112） | （1.850） | （1.859） |
| Inta | 0.230 | 0.252 | 0.259 | 0.288 |
| | （0.467） | （0.512） | （0.489） | （0.545） |
| Eqinc | 2.011 | 2.046 | 2.288 | 2.335 |
| | （1.240） | （1.262） | （1.312） | （1.338） |
| Top1 | 0.604 *** | 0.600 *** | 0.775 *** | 0.770 *** |
| | （3.798） | （3.772） | （4.535） | （4.502） |
| Age | 0.164 *** | 0.163 *** | 0.211 *** | 0.209 *** |
| | （4.242） | （4.200） | （5.072） | （5.019） |
| Bdind | −0.150 | −0.150 | −0.255 | −0.255 |
| | （−0.363） | （−0.364） | （−0.572） | （−0.573） |
| SOE | 0.276 *** | 0.277 *** | 0.258 *** | 0.261 *** |
| | （4.970） | （5.000） | （4.329） | （4.365） |
| _cons | 1.564 *** | 1.492 *** | 2.041 *** | 1.947 *** |
| | （5.361） | （5.173） | （6.503） | （6.270） |
| Year | Yes | Yes | Yes | Yes |
| Industry | Yes | Yes | Yes | Yes |
| N | 3584 | 3584 | 3584 | 3584 |
| adj. $R^2$ | 0.284 | 0.283 | 0.277 | 0.276 |
| F | 57.753 | 57.605 | 55.888 | 55.666 |

注：* 、** 、*** 分别表示在10%、5%和1%的水平上显著。括号内数值为 T 值。

# 第五节　稳健性检验

## 一、解释变量滞后一期回归

考虑到环境处罚对企业整体税负的影响可能存在一定滞后性，将解释变量进行滞后一期回归，结果如表 5-6 所示：滞后一期的环境处罚频次和环境处罚力度（Lag_P_number 和 Lag_P_degree）依然显著正向影响企业税负，所有结果均类似于表 5-5，说明结论较为稳健。

表 5-6　解释变量滞后一期回归

| Variable | (1) Taxburden1 | (2) Taxburden1 | (3) Taxburden2 | (4) Taxburden2 |
|---|---|---|---|---|
| Lag_P_number | 0.079 *** (2.652) | | 0.102 *** (3.222) | |
| Lag_P_degree | | 0.065 ** (2.219) | | 0.082 *** (2.648) |
| Size | −0.098 *** (−3.305) | −0.089 *** (−3.073) | −0.142 *** (−4.517) | −0.131 *** (−4.231) |
| ROA | −13.391 *** (−19.223) | −13.426 *** (−19.273) | −13.968 *** (−18.792) | −14.014 *** (−18.849) |
| Gross | 1.039 *** (6.362) | 1.032 *** (6.322) | 0.884 *** (5.073) | 0.875 *** (5.020) |
| Lev | 0.817 *** (4.324) | 0.812 *** (4.296) | 0.731 *** (3.623) | 0.725 *** (3.589) |
| Growth | −0.397 *** (−5.505) | −0.397 *** (−5.506) | −0.459 *** (−5.971) | −0.460 *** (−5.973) |
| Capint | 0.662 *** (2.936) | 0.693 *** (3.087) | 0.565 ** (2.350) | 0.607 ** (2.534) |
| Invint | 0.115 (0.336) | 0.099 (0.289) | 0.010 (0.028) | −0.011 (−0.030) |

续表

| Variable | （1）<br>Taxburden1 | （2）<br>Taxburden1 | （3）<br>Taxburden2 | （4）<br>Taxburden2 |
|---|---|---|---|---|
| Cash | 0.279 | 0.281 | 0.268 | 0.271 |
| | （1.008） | （1.015） | （0.906） | （0.916） |
| Inta | 0.452 | 0.490 | 0.410 | 0.460 |
| | （0.720） | （0.781） | （0.611） | （0.687） |
| Eqinc | −0.082 | −0.009 | 0.133 | 0.228 |
| | （−0.036） | （−0.004） | （0.055） | （0.094） |
| Top1 | 0.363* | 0.357* | 0.512** | 0.504** |
| | （1.900） | （1.867） | （2.509） | （2.468） |
| Age | 0.201*** | 0.200*** | 0.248*** | 0.247*** |
| | （3.880） | （3.857） | （4.476） | （4.447） |
| Bdind | −0.756 | −0.750 | −0.903* | −0.895* |
| | （−1.539） | （−1.526） | （−1.723） | （−1.708） |
| SOE | 0.210*** | 0.212*** | 0.186*** | 0.188*** |
| | （3.137） | （3.163） | （2.605） | （2.637） |
| _cons | 2.188*** | 2.102*** | 2.695*** | 2.581*** |
| | （6.252） | （6.091） | （7.219） | （7.006） |
| Year | Yes | Yes | Yes | Yes |
| Industry | Yes | Yes | Yes | Yes |
| N | 2317 | 2317 | 2317 | 2317 |
| adj. $R^2$ | 0.287 | 0.287 | 0.281 | 0.280 |
| F | 39.926 | 39.802 | 38.755 | 38.558 |

注：*、**、*** 分别表示在10%、5%和1%的水平上显著。括号内数值为 T 值。

## 二、工具变量两阶段回归

本书采用工具变量法解决内生性问题，选取除了本企业之外的同行业其他所有企业的环境处罚频次和环境处罚力度的行业均值（M_P_number 和 M_P_degree），分别作为本企业环境处罚频次和环境处罚力度的工具变量。为了使行业匹配更精确，这里的同行业依据的是 Wind 数据库四级行业的划分标准。由于同行业其他企业的环境处罚频次和力度会影响政府执法机构对于本企业的环境处罚频次和力度，但不直接影响本企业整体税负，因而符合工具变量的选取条件。

工具变量两阶段回归结果如表 5-7 所示：第（1）列和第（2）列是 2SLS 第一阶段回归，结果表明，工具变量 M_P_number 和 M_P_degree 都分别与 P_number 和 P_degree 显著呈正相关，还对两个工具变量进行弱工具检验，根据经验原则判断，发现 2SLS 第一阶段的 F 值均大于 10，说明不是弱工具变量。第（3）列和第（4）列、第（5）列和第（6）列分别是第二阶段回归中关于假设 H5-1 和 H5-2 的检验，其结果均类似于表 5-5，支持主回归结论。

表 5-7　工具变量两阶段回归

| Variable | (1) | (2) | (3) | (4) | (5) | (6) |
|---|---|---|---|---|---|---|
| | 第一阶段 | | 第二阶段 H5-1 检验 | | 第二阶段 H5-2 检验 | |
| | P_number | P_degree | Taxburden1 | Taxburden2 | Taxburden1 | Taxburden2 |
| M_P_number | 0.295 *** (8.324) | | | | | |
| M_P_degree | | 0.325 *** (9.121) | | | | |
| P_number | | | 0.904 *** (4.375) | 1.045 *** (4.647) | | |
| P_degree | | | | | 0.572 *** (3.357) | 0.651 *** (3.552) |
| Size | 0.343 *** (22.098) | 0.289 *** (18.165) | -0.406 *** (-5.163) | -0.491 *** (-5.740) | -0.257 *** (-4.460) | -0.316 *** (-5.094) |
| ROA | -0.737 * (-1.851) | -0.589 (-1.442) | -13.177 *** (-18.770) | -13.950 *** (-18.265) | -13.506 *** (-21.015) | -14.335 *** (-20.721) |
| Gross | -0.289 *** (-3.055) | -0.285 *** (-2.937) | 1.531 *** (8.470) | 1.480 *** (7.522) | 1.405 *** (8.545) | 1.330 *** (7.512) |
| Lev | -0.058 (-0.568) | 0.064 (0.608) | 1.157 *** (6.515) | 1.067 *** (5.522) | 1.076 *** (6.553) | 0.974 *** (5.509) |
| Growth | -0.038 (-1.025) | -0.057 (-1.485) | -0.272 *** (-4.150) | -0.328 *** (-4.608) | -0.280 *** (-4.590) | -0.338 *** (-5.155) |
| Capint | 0.750 *** (5.990) | 0.551 *** (4.288) | 0.064 (0.229) | -0.126 (-0.414) | 0.465 ** (2.028) | 0.344 (1.393) |
| Invint | -0.150 (-0.759) | -0.179 (-0.887) | 0.655 * (1.911) | 0.705 * (1.890) | 0.567 * (1.789) | 0.600 * (1.760) |
| Cash | 0.276 * (1.779) | 0.313 ** (1.969) | 0.247 (0.903) | 0.229 (0.769) | 0.311 (1.225) | 0.306 (1.120) |

续表

| Variable | (1) | (2) | (3) | (4) | (5) | (6) |
|---|---|---|---|---|---|---|
| | 第一阶段 | | 第二阶段 H5-1 检验 | | 第二阶段 H5-2 检验 | |
| | P_number | P_degree | Taxburden1 | Taxburden2 | Taxburden1 | Taxburden2 |
| Inta | 0.776 ** | 0.648 * | -0.516 | -0.536 | -0.206 | -0.172 |
| | (2.278) | (1.856) | (-0.852) | (-0.814) | (-0.373) | (-0.289) |
| Eqinc | 1.338 | 1.042 | 0.288 | 0.397 | 0.889 | 1.103 |
| | (1.181) | (0.897) | (0.146) | (0.185) | (0.489) | (0.564) |
| Top1 | -0.134 | -0.101 | 0.716 *** | 0.860 *** | 0.664 *** | 0.800 *** |
| | (-1.240) | (-0.912) | (3.828) | (4.231) | (3.849) | (4.309) |
| Age | -0.073 *** | -0.061 ** | 0.220 *** | 0.269 *** | 0.192 *** | 0.236 *** |
| | (-2.766) | (-2.274) | (4.648) | (5.223) | (4.457) | (5.091) |
| Bdind | -0.075 | -0.145 | 0.126 | -0.010 | 0.127 | -0.011 |
| | (-0.265) | (-0.503) | (0.261) | (-0.019) | (0.282) | (-0.023) |
| SOE | 0.087 ** | 0.076 ** | 0.203 *** | 0.187 ** | 0.242 *** | 0.233 *** |
| | (2.293) | (1.966) | (2.985) | (2.526) | (3.901) | (3.484) |
| _cons | -2.955 *** | -2.473 *** | 4.211 *** | 5.034 *** | 2.928 *** | 3.527 *** |
| | (-15.414) | (-12.574) | (5.920) | (6.504) | (5.472) | (6.122) |
| Year | Yes | Yes | Yes | Yes | Yes | Yes |
| Industry | Yes | Yes | Yes | Yes | Yes | Yes |
| N | 3442 | 3442 | 3442 | 3442 | 3442 | 3442 |
| adj. $R^2$ | 0.304 | 0.257 | 0.070 | 0.033 | 0.202 | 0.188 |
| F | 61.068 | 48.490 | 44.385 | 41.767 | 51.300 | 49.210 |

注：*、**、*** 分别表示在 10%、5% 和 1% 的水平上显著。括号内数值为 T 值。

## 三、Heckman 两步估计法

本书采用 Heckman 两步估计法解决样本选择偏差问题。首先，第一阶段是对企业是否受到环境处罚进行 Probit 回归，控制了企业规模、总资产收益率、资产负债率、第一大股东持股比例、独立董事占比、股权性质、成长性、固定资产占比、代理成本（Manage，管理费用占比）、机构股东积极主义（Inst，机构投资者持股比例）、年度虚拟变量和行业虚拟变量等因素，特别地，还加入了同年同行业中除本企业之外其他所有企业受到环境处罚与否的均值（M_Punish）作为控制变量，因为同行业其他企业受处罚情况也会影响到本企业的环境处罚概率。其次，通过第一阶段回归计算了逆米尔斯比率 IMR，其作用是为每一个样本计算出一个用于修正样本选择偏差的值，如果 IMR 大于 0，表明确实存在样本自选择问题。最后，再将 IMR 作为控制变量分别加入模型（5-1）和模型（5-2），对企业整体税负进行第二阶段 OLS 回归。

结果如表 5-8 所示：第（1）列是对第一阶段的 Probit 回归，未列出的结果显示每个样本的 IMR 指标全部大于 0，且第（2）~（5）列显示的第二阶段回归后的 IMR 系数显著，表明确实存在样本自选择问题。在控制 IMR 后，环境处罚频次和环境处罚力度仍与企业整体税负显著正相关，所有结果均类似于表 5-5，支持前文研究结论。

表 5-8 Heckman 两步估计法回归

| Variable | (1) 第一阶段 | (2) 第二阶段 H5-1 检验 | (3) 第二阶段 H5-1 检验 | (4) 第二阶段 H5-2 检验 | (5) 第二阶段 H5-2 检验 |
|---|---|---|---|---|---|
| | Punish | Taxburden1 | Taxburden2 | Taxburden1 | Taxburden2 |
| P_number | | 0.093 *** | 0.110 *** | | |
| | | (3.616) | (3.977) | | |
| P_degree | | | | 0.073 *** | 0.087 *** |
| | | | | (2.969) | (3.263) |
| Size | 0.386 *** | -0.349 *** | -0.318 *** | -0.323 *** | -0.287 *** |
| | (14.627) | (-5.051) | (-4.271) | (-4.755) | (-3.924) |
| ROA | -0.709 | -13.360 *** | -14.331 *** | -13.393 *** | -14.370 *** |
| | (-1.225) | (-22.801) | (-22.703) | (-22.851) | (-22.756) |
| Lev | 0.257 | 0.826 *** | 0.780 *** | 0.827 *** | 0.781 *** |
| | (1.594) | (5.295) | (4.643) | (5.296) | (4.645) |
| Top1 | -0.125 | 0.748 *** | 0.874 *** | 0.734 *** | 0.858 *** |
| | (-0.692) | (4.586) | (4.977) | (4.502) | (4.884) |
| Bdind | -0.653 | 0.329 | 0.090 | 0.302 | 0.057 |
| | (-1.426) | (0.765) | (0.194) | (0.701) | (0.123) |
| SOE | 0.134 ** | 0.194 *** | 0.200 *** | 0.201 *** | 0.208 *** |
| | (2.396) | (3.287) | (3.152) | (3.407) | (3.283) |
| Growth | -0.069 | -0.256 *** | -0.340 *** | -0.259 *** | -0.344 *** |
| | (-1.157) | (-4.622) | (-5.700) | (-4.668) | (-5.749) |
| Capint | 1.031 *** | 0.091 | 0.197 | 0.163 | 0.284 |
| | (5.958) | (0.351) | (0.711) | (0.640) | (1.031) |

续表

| Variable | （1）第一阶段 | （2）第二阶段 H5-1 检验 | （3） | （4）第二阶段 H5-2 检验 | （5） |
|---|---|---|---|---|---|
|  | Punish | Taxburden1 | Taxburden2 | Taxburden1 | Taxburden2 |
| Manage | −0.933 *<br>（−1.715） |  |  |  |  |
| Inst | −0.247 *<br>（−1.934） |  |  |  |  |
| M_Punish | 0.615 ***<br>（3.285） |  |  |  |  |
| Gross |  | 1.317 ***<br>（9.163） | 1.162 ***<br>（7.504） | 1.302 ***<br>（9.061） | 1.144 ***<br>（7.389） |
| Invint |  | 0.479 *<br>（1.690） | 0.437<br>（1.431） | 0.478 *<br>（1.687） | 0.436<br>（1.429） |
| Cash |  | 0.562 **<br>（2.459） | 0.517 **<br>（2.102） | 0.560 **<br>（2.449） | 0.515 **<br>（2.091） |
| Inta |  | 0.110<br>（0.224） | 0.175<br>（0.330） | 0.145<br>（0.295） | 0.216<br>（0.408） |
| Eqinc |  | 2.664<br>（1.637） | 2.753<br>（1.570） | 2.671<br>（1.640） | 2.761<br>（1.574） |
| Age |  | 0.160 ***<br>（4.125） | 0.209 ***<br>（5.014） | 0.158 ***<br>（4.080） | 0.207 ***<br>（4.964） |
| IMR |  | −0.977 ***<br>（−3.960） | −0.684 **<br>（−2.572） | −0.919 ***<br>（−3.747） | −0.615 **<br>（−2.326） |
| _cons | −4.261 ***<br>（−13.477） | 5.210 ***<br>（5.402） | 4.594 ***<br>（4.422） | 4.904 ***<br>（5.143） | 4.231 ***<br>（4.119） |
| Year | Yes | Yes | Yes | Yes | Yes |
| Industry | Yes | Yes | Yes | Yes | Yes |
| N | 3580 | 3580 | 3580 | 3580 | 3580 |
| Pseudo | 0.176 | 0.287 | 0.278 | 0.286 | 0.277 |
| $R^2$/adj. $R^2$ |  |  |  |  |  |
| LR chi$^2$/F | 821.42 | 56.378 | 54.114 | 56.148 | 53.838 |

注：第（1）列回归得到 Pseudo $R^2$ 和 LR chi$^2$，其余列回归得到 adj. $R^2$ 和 F 值；* 、** 、*** 分别表示在 10%、5% 和 1% 的水平上显著。括号内数值为 T 值。

## 四、倾向值匹配分析

由于被处罚企业和未被处罚企业的特征变量之间可能存在显著差异，利用倾向值匹配方法，缓解样本选择偏差带来的内生性问题。首先，选取公司层面的特征变量，包括企业规模、资产负债率、资产收益率和第一大股东持股比例，并以企业是否受到环境处罚（Punish）作为被解释变量进行 Logit 回归。其次，采用 1∶2 邻近匹配进行倾向得分匹配①，得到 2158 个样本观测值。基于匹配后样本对模型（5-1）和模型（5-2）重新回归，结果如表 5-9 所示：其所有结果均支持主回归的研究结论。

表 5-9　倾向值匹配分析

| Variable | (1) Taxburden1 | (2) Taxburden1 | (3) Taxburden2 | (4) Taxburden2 |
|---|---|---|---|---|
| P_number | 0.078** (2.155) | | 0.092** (2.401) | |
| P_degree | | 0.068** (1.968) | | 0.080** (2.186) |
| Size | −0.065* (−1.949) | −0.061* (−1.839) | −0.098*** (−2.773) | −0.093*** (−2.654) |
| ROA | −14.741*** (−17.953) | −14.759*** (−17.971) | −15.698*** (−17.986) | −15.719*** (−18.006) |
| Gross | 1.172*** (6.038) | 1.165*** (6.006) | 1.038*** (5.032) | 1.030*** (4.995) |
| Lev | 1.137*** (5.613) | 1.123*** (5.543) | 1.058*** (4.915) | 1.042*** (4.838) |
| Growth | −0.339*** (−4.466) | −0.337*** (−4.433) | −0.430*** (−5.320) | −0.427*** (−5.284) |
| Capint | 0.993*** (4.031) | 1.015*** (4.134) | 0.839*** (3.205) | 0.866*** (3.317) |
| Invint | 0.510 (1.348) | 0.515 (1.360) | 0.390 (0.968) | 0.395 (0.982) |

①　由于采用 1∶1 匹配损失的样本较多，这里采用 1∶2 近邻匹配。

续表

| Variable | （1）Taxburden1 | （2）Taxburden1 | （3）Taxburden2 | （4）Taxburden2 |
|---|---|---|---|---|
| Cash | 0.423 | 0.421 | 0.433 | 0.430 |
| | （1.276） | （1.268） | （1.228） | （1.219） |
| Inta | 0.373 | 0.392 | 0.516 | 0.538 |
| | （0.558） | （0.586） | （0.726） | （0.756） |
| Eqinc | 5.109 ** | 5.126 ** | 5.485 ** | 5.505 ** |
| | （2.252） | （2.259） | （2.274） | （2.282） |
| Top1 | 0.730 *** | 0.731 *** | 0.937 *** | 0.938 *** |
| | （3.427） | （3.430） | （4.141） | （4.143） |
| Age | 0.123 ** | 0.124 ** | 0.157 *** | 0.158 *** |
| | （2.267） | （2.277） | （2.716） | （2.727） |
| Bdind | −0.181 | −0.193 | −0.488 | −0.502 |
| | （−0.318） | （−0.338） | （−0.806） | （−0.828） |
| SOE | 0.273 *** | 0.275 *** | 0.277 *** | 0.279 *** |
| | （3.705） | （3.728） | （3.539） | （3.564） |
| _cons | 1.382 *** | 1.346 *** | 1.750 *** | 1.707 *** |
| | （3.483） | （3.407） | （4.147） | （4.063） |
| Year | Yes | Yes | Yes | Yes |
| Industry | Yes | Yes | Yes | Yes |
| N | 2158 | 2158 | 2158 | 2158 |
| adj. $R^2$ | 0.286 | 0.286 | 0.283 | 0.282 |
| F | 35.554 | 35.510 | 35.024 | 34.968 |

注：* 、** 、*** 分别表示在10%、5%和1%的水平上显著。括号内数值为 T 值。

## 五、替换变量衡量方式

如表 5-10 所示：第（1）~（2）列是利用环境罚款金额加 1 后取自然对数（Fine_degree）来替代衡量环境处罚力度，并对模型（5-2）重新进行回归，发现对 H5-2 的检验结果均类似于表 5-5，表明环境罚款的力度越大，企业整体税负也越高，支持前文研究结论。

表 5-10　替换变量衡量方式

| Variable | (1) Taxburden1 | (2) Taxburden2 |
|---|---|---|
| Fine_degree | 0.038 ** | 0.046 ** |
|  | (2.055) | (2.300) |
| Size | -0.080 *** | -0.120 *** |
|  | (-3.437) | (-4.783) |
| ROA | -13.568 *** | -14.487 *** |
|  | (-23.212) | (-23.024) |
| Gross | 1.168 *** | 1.053 *** |
|  | (8.383) | (7.023) |
| Lev | 0.994 *** | 0.897 *** |
|  | (6.620) | (5.549) |
| Growth | -0.308 *** | -0.378 *** |
|  | (-5.687) | (-6.488) |
| Capint | 0.832 *** | 0.737 *** |
|  | (4.538) | (3.732) |
| Invint | 0.513 * | 0.459 |
|  | (1.809) | (1.501) |
| Cash | 0.486 ** | 0.465 * |
|  | (2.133) | (1.892) |
| Inta | 0.248 | 0.289 |
|  | (0.503) | (0.546) |
| Eqinc | 2.101 | 2.409 |
|  | (1.295) | (1.380) |
| Top1 | 0.593 *** | 0.762 *** |
|  | (3.731) | (4.451) |
| Age | 0.161 *** | 0.206 *** |
|  | (4.143) | (4.946) |
| Bdind | -0.170 | -0.279 |
|  | (-0.410) | (-0.627) |
| SOE | 0.277 *** | 0.261 *** |
|  | (4.986) | (4.360) |
| _cons | 1.453 *** | 1.879 *** |
|  | (5.074) | (6.096) |
| Year | Yes | Yes |

| Variable | （1）<br>Taxburden1 | （2）<br>Taxburden2 |
|---|---|---|
| Industry | Yes | Yes |
| N | 3584 | 3584 |
| adj. $R^2$ | 0.283 | 0.275 |
| F | 57.542 | 55.494 |

注：*、**、***分别表示在10%、5%和1%的水平上显著。括号内数值为T值。

## 六、其他稳健性检验

表5-11是为控制地区层面的影响因素和潜在的组内自相关问题进行的稳健性检验。为控制政府环境处罚与企业税负之间在地区层面的影响因素，在控制变量中新增了地区固定效应，稳健性回归结果如第（1）~（2）列所示。同时为控制企业环境治理指标潜在的组内自相关问题，又在控制地区固定效应的基础上进行了公司聚类回归，结果如第（3）~（4）列所示。其所有结果均支持前文主回归结论。

表 5-11　控制地区效应和公司聚类的回归

| Variable | （1）<br>Taxburden1 | （2）<br>Taxburden1 | （3）<br>Taxburden2 | （4）<br>Taxburden2 |
|---|---|---|---|---|
| P_number | 0.077**<br>（1.977） | | 0.099**<br>（2.452） | |
| P_degree | | 0.062*<br>（1.763） | | 0.081**<br>（2.189） |
| Size | −0.087**<br>（−2.520） | −0.079**<br>（−2.388） | −0.131***<br>（−3.625） | −0.121***<br>（−3.490） |
| ROA | −13.379***<br>（−14.772） | −13.402***<br>（−14.805） | −14.289***<br>（−15.463） | −14.320***<br>（−15.498） |
| Gross | 1.139***<br>（5.915） | 1.137***<br>（5.911） | 1.038***<br>（5.283） | 1.035***<br>（5.276） |
| Lev | 0.909***<br>（4.459） | 0.902***<br>（4.414） | 0.790***<br>（3.561） | 0.781***<br>（3.512） |

续表

| Variable | (1)<br>Taxburden1 | (2)<br>Taxburden1 | (3)<br>Taxburden2 | (4)<br>Taxburden2 |
|---|---|---|---|---|
| Growth | -0.301 *** | -0.300 *** | -0.375 *** | -0.374 *** |
| | (-6.409) | (-6.403) | (-7.472) | (-7.465) |
| Capint | 0.848 *** | 0.871 *** | 0.739 *** | 0.768 *** |
| | (3.483) | (3.567) | (2.870) | (2.976) |
| Invint | 0.495 | 0.496 | 0.483 | 0.484 |
| | (1.282) | (1.285) | (1.168) | (1.171) |
| Cash | 0.468 * | 0.469 * | 0.427 | 0.427 |
| | (1.806) | (1.806) | (1.525) | (1.525) |
| Inta | 0.220 | 0.238 | 0.221 | 0.244 |
| | (0.310) | (0.336) | (0.298) | (0.329) |
| Eqinc | 1.981 | 2.038 | 2.457 | 2.531 |
| | (1.101) | (1.136) | (1.299) | (1.341) |
| Top1 | 0.549 ** | 0.545 ** | 0.698 *** | 0.693 *** |
| | (2.316) | (2.305) | (2.810) | (2.795) |
| Age | 0.143 *** | 0.142 *** | 0.186 *** | 0.184 *** |
| | (2.836) | (2.815) | (3.418) | (3.393) |
| Bdind | -0.271 | -0.268 | -0.391 | -0.388 |
| | (-0.456) | (-0.453) | (-0.641) | (-0.638) |
| SOE | 0.259 *** | 0.260 *** | 0.238 *** | 0.240 *** |
| | (3.032) | (3.053) | (2.651) | (2.674) |
| _cons | 1.729 *** | 1.657 *** | 2.207 *** | 2.114 *** |
| | (4.278) | (4.238) | (5.097) | (5.049) |
| Year | Yes | Yes | Yes | Yes |
| Industry | Yes | Yes | Yes | Yes |
| Province | Yes | Yes | Yes | Yes |
| N | 3584 | 3584 | 3584 | 3584 |
| adj. $R^2$ | 0.286 | 0.285 | 0.279 | 0.278 |
| F | 11.126 | 11.050 | 11.691 | 11.622 |

注：*、**、*** 分别表示在 10%、5% 和 1% 的水平上显著。括号内数值为 T 值。

# 第六节　异质性分析

## 一、企业规模

对于不同规模的企业，环境处罚事件引发的公众和媒体关注度以及税务部门对环境处罚信息获取程度也会不同，所以环境处罚与企业税负之间的关系可能会受到企业规模的影响。如果企业规模较大，环境处罚事件会引发更多的公众关注，媒体也更愿意报道其相关负面新闻，企业合法性随之降低。同时税务部门也更容易从多个渠道获取企业负面的环境信息，增强对企业环境风险的敏感度，进而减少对企业的税收优惠，使企业承担的税负增加，在这种情况下"税收惩罚效应"较强。如果企业规模较小，公众和利益相关者对这类企业的关注较少，加之企业不愿主动披露负面信息，税务部门对这类信息的收集较为困难，因此这类企业的环境处罚对企业税收优惠和企业税负的影响较小，"税收惩罚效应"较弱。

本书以企业规模的中位数进行分组，表 5-12 是以环境处罚频次（P_number）为解释变量，表 5-13 是以环境处罚力度（P_degree）为解释变量，分组回归结果显示：环境处罚频次和环境处罚力度对企业税负的正向影响都仅在企业规模较大组显著，而在企业规模较小组并不显著，结果与预期相符，表明环境处罚对规模较大企业的税负具有更强的"税收惩罚效应"。

表 5-12　环境处罚频次、企业规模与企业税负

| Variable | (1) | (2) | (3) | (4) |
|---|---|---|---|---|
| | 企业规模较小 | | 企业规模较大 | |
| | Taxburden1 | Taxburden2 | Taxburden1 | Taxburden2 |
| P_number | -0.011 | 0.033 | 0.086 *** | 0.099 *** |
| | (-0.161) | (0.441) | (2.768) | (3.076) |
| Size | -0.114 ** | -0.246 *** | -0.141 *** | -0.156 *** |
| | (-2.158) | (-4.145) | (-3.160) | (-3.338) |
| ROA | -13.321 *** | -14.564 *** | -13.208 *** | -13.874 *** |
| | (-19.084) | (-18.543) | (-13.435) | (-13.503) |

续表

| Variable | （1） | （2） | （3） | （4） |
|---|---|---|---|---|
| | 企业规模较小 | | 企业规模较大 | |
| | Taxburden1 | Taxburden2 | Taxburden1 | Taxburden2 |
| Gross | 1.240*** | 1.139*** | 1.069*** | 0.977*** |
| | (7.803) | (6.370) | (4.425) | (3.870) |
| Lev | 0.756*** | 0.634*** | 1.248*** | 1.174*** |
| | (4.256) | (3.174) | (4.882) | (4.394) |
| Growth | -0.143** | -0.222*** | -0.400*** | -0.460*** |
| | (-1.998) | (-2.752) | (-4.977) | (-5.479) |
| Capint | 0.894*** | 0.680** | 0.656** | 0.585* |
| | (3.784) | (2.556) | (2.275) | (1.943) |
| Invint | 1.121*** | 1.087*** | 0.138 | 0.088 |
| | (3.072) | (2.648) | (0.318) | (0.193) |
| Cash | 0.527** | 0.390 | 0.498 | 0.553 |
| | (2.057) | (1.354) | (1.179) | (1.252) |
| Inta | 0.256 | 0.310 | 0.256 | 0.329 |
| | (0.420) | (0.452) | (0.330) | (0.405) |
| Eqinc | 1.504 | 1.216 | 3.527 | 4.363 |
| | (0.797) | (0.573) | (1.277) | (1.511) |
| Top1 | 0.117 | 0.382 | 0.862*** | 0.971*** |
| | (0.542) | (1.574) | (3.708) | (3.997) |
| Age | 0.215*** | 0.289*** | 0.147** | 0.155** |
| | (4.729) | (5.629) | (2.133) | (2.160) |
| Bdind | -1.135** | -1.234** | 0.878 | 0.694 |
| | (-2.257) | (-2.180) | (1.323) | (1.000) |
| SOE | 0.106 | 0.071 | 0.363*** | 0.354*** |
| | (1.493) | (0.889) | (4.264) | (3.979) |
| _cons | 1.620*** | 2.756*** | 1.725*** | 1.994*** |
| | (3.258) | (4.927) | (3.173) | (3.509) |
| Year | Yes | Yes | Yes | Yes |
| Industry | Yes | Yes | Yes | Yes |
| N | 1792 | 1792 | 1792 | 1792 |
| adj. $R^2$ | 0.291 | 0.278 | 0.292 | 0.291 |
| F | 30.368 | 28.632 | 30.574 | 30.333 |

注：*、**、***分别表示在10%、5%和1%的水平上显著。括号内数值为T值。

表 5-13　环境处罚力度、企业规模与企业税负

| Variable | (1) | (2) | (3) | (4) |
|---|---|---|---|---|
| | 企业规模较小 | | 企业规模较大 | |
| | Taxburden1 | Taxburden2 | Taxburden1 | Taxburden2 |
| P_degree | 0.015 | 0.065 | 0.069** | 0.078** |
| | (0.234) | (0.904) | (2.339) | (2.510) |
| Size | -0.115** | -0.246*** | -0.125*** | -0.136*** |
| | (-2.191) | (-4.161) | (-2.884) | (-2.994) |
| ROA | -13.327*** | -14.578*** | -13.211*** | -13.881*** |
| | (-19.088) | (-18.560) | (-13.429) | (-13.496) |
| Gross | 1.246*** | 1.144*** | 1.066*** | 0.972*** |
| | (7.853) | (6.409) | (4.407) | (3.844) |
| Lev | 0.752*** | 0.622*** | 1.245*** | 1.170*** |
| | (4.223) | (3.105) | (4.866) | (4.375) |
| Growth | -0.143** | -0.220*** | -0.400*** | -0.461*** |
| | (-1.997) | (-2.735) | (-4.982) | (-5.487) |
| Capint | 0.888*** | 0.672** | 0.697** | 0.636** |
| | (3.759) | (2.527) | (2.428) | (2.117) |
| Invint | 1.126*** | 1.093*** | 0.152 | 0.103 |
| | (3.085) | (2.661) | (0.349) | (0.227) |
| Cash | 0.527** | 0.386 | 0.488 | 0.542 |
| | (2.056) | (1.339) | (1.156) | (1.226) |
| Inta | 0.252 | 0.301 | 0.326 | 0.415 |
| | (0.414) | (0.440) | (0.420) | (0.511) |
| Eqinc | 1.509 | 1.247 | 3.522 | 4.361 |
| | (0.800) | (0.587) | (1.274) | (1.509) |
| Top1 | 0.114 | 0.379 | 0.851*** | 0.957*** |
| | (0.531) | (1.561) | (3.658) | (3.937) |
| Age | 0.215*** | 0.287*** | 0.146** | 0.155** |
| | (4.710) | (5.608) | (2.120) | (2.146) |
| Bdind | -1.139** | -1.247** | 0.888 | 0.703 |
| | (-2.265) | (-2.203) | (1.336) | (1.012) |
| SOE | 0.105 | 0.070 | 0.363*** | 0.354*** |
| | (1.477) | (0.879) | (4.256) | (3.972) |
| _cons | 1.646*** | 2.782*** | 1.553*** | 1.781*** |
| | (3.321) | (4.989) | (2.919) | (3.203) |

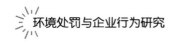

续表

| Variable | (1) | (2) | (3) | (4) |
|---|---|---|---|---|
| | 企业规模较小 | | 企业规模较大 | |
| | Taxburden1 | Taxburden2 | Taxburden1 | Taxburden2 |
| Year | Yes | Yes | Yes | Yes |
| Industry | Yes | Yes | Yes | Yes |
| N | 1792 | 1792 | 1792 | 1792 |
| adj. $R^2$ | 0.291 | 0.279 | 0.291 | 0.289 |
| F | 30.370 | 28.667 | 30.449 | 30.153 |

注：*、**、***分别表示在10%、5%和1%的水平上显著。括号内数值为T值。

## 二、企业外部信息环境

企业外部信息环境不同，税务部门对企业环境处罚信息的获取程度也会不同，所以环境处罚与企业税负之间的关系可能会受到企业外部信息环境的影响。如果企业外部信息环境较好，例如，在分析师跟踪人数较多的情况下，由于分析师可以根据企业负面的环境治理绩效发布较差的荐股评级，税务部门会更容易从较多的分析师报告中获取企业负面的环境信息，增强对企业环境风险的敏感度，进而减少或停止对企业的税收优惠并增加对企业税负的"税收惩罚"。如果企业外部信息环境较差，例如，分析师跟踪人数较少，其对被处罚企业的评估报告更少，加之企业不愿主动披露负面环境信息，税务部门对这类信息的收集较为困难，因此这类企业的环境处罚对税收优惠的负面影响较小，对增加企业税负的"税收惩罚效应"较弱。

本书参考前人做法（Bushman et al.，2004；钟覃琳和陆正飞，2018；朱琳和伊志宏，2020），采用分析师跟踪人数（AF）来衡量上市公司外部信息环境，分析师跟踪人数越多，则企业外部信息环境越好。以分析师跟踪人数的中位数进行分组，表5-14是以环境处罚频次（P_number）为解释变量，表5-15是以环境处罚力度（P_degree）为解释变量，分组回归结果显示：环境处罚频次和环境处罚力度两项指标与企业税负的正相关关系都仅在企业外部信息环境较好组显著，而在企业外部信息环境较差组并不显著，结果与预期相符，即环境处罚对企业税负的"税收惩罚效应"主要体现在外部信息环境较好的企业中。

表 5-14　环境处罚频次、企业外部信息环境与企业税负

| Variable | （1） | （2） | （3） | （4） |
|---|---|---|---|---|
| | 企业外部信息环境较差 | | 企业外部信息环境较好 | |
| | Taxburden1 | Taxburden2 | Taxburden1 | Taxburden2 |
| P_number | -0.020 | 0.008 | 0.127 *** | 0.149 *** |
| | （-0.459） | （0.165） | （4.167） | （4.486） |
| Size | -0.041 | -0.080 | -0.134 *** | -0.184 *** |
| | （-0.880） | （-1.645） | （-4.632） | （-5.825） |
| ROA | -16.475 *** | -17.504 *** | -12.159 *** | -13.050 *** |
| | （-15.006） | （-15.155） | （-17.342） | （-17.057） |
| Gross | 1.633 *** | 1.540 *** | 0.922 *** | 0.803 *** |
| | （6.915） | （6.201） | （5.419） | （4.324） |
| Lev | 1.274 *** | 1.271 *** | 0.785 *** | 0.619 *** |
| | （5.137） | （4.873） | （4.192） | （3.029） |
| Growth | -0.267 *** | -0.334 *** | -0.322 *** | -0.394 *** |
| | （-3.364） | （-3.997） | （-4.337） | （-4.866） |
| Capint | 1.135 *** | 1.105 *** | 0.615 *** | 0.463 * |
| | （3.895） | （3.604） | （2.609） | （1.798） |
| Invint | 0.632 | 0.394 | 0.253 | 0.318 |
| | （1.398） | （0.828） | （0.698） | （0.805） |
| Cash | 0.178 | 0.206 | 0.713 ** | 0.671 ** |
| | （0.468） | （0.515） | （2.524） | （2.180） |
| Inta | 0.965 | 1.246 | -0.369 | -0.478 |
| | （1.208） | （1.482） | （-0.597） | （-0.709） |
| Eqinc | 1.230 | 1.478 | 1.430 | 1.450 |
| | （0.418） | （0.478） | （0.743） | （0.690） |
| Top1 | 0.565 ** | 0.631 ** | 0.648 *** | 0.904 *** |
| | （2.201） | （2.337） | （3.210） | （4.100） |
| Age | 0.056 | 0.067 | 0.244 *** | 0.313 *** |
| | （0.882） | （1.009） | （4.951） | （5.821） |
| Bdind | -0.205 | -0.651 | -0.136 | 0.034 |
| | （-0.308） | （-0.932） | （-0.258） | （0.059） |
| SOE | 0.254 *** | 0.285 *** | 0.287 *** | 0.236 *** |
| | （2.892） | （3.087） | （4.030） | （3.036） |
| _cons | 1.138 ** | 1.693 *** | 1.948 *** | 2.365 *** |
| | （2.266） | （3.206） | （5.350） | （5.953） |

续表

| Variable | （1） | （2） | （3） | （4） |
|---|---|---|---|---|
| | 企业外部信息环境较差 | | 企业外部信息环境较好 | |
| | Taxburden1 | Taxburden2 | Taxburden1 | Taxburden2 |
| Year | Yes | Yes | Yes | Yes |
| Industry | Yes | Yes | Yes | Yes |
| N | 1488 | 1488 | 2096 | 2096 |
| adj. $R^2$ | 0.310 | 0.312 | 0.278 | 0.271 |
| F | 27.785 | 27.972 | 33.317 | 32.139 |

注：*、**、***分别表示在10%、5%和1%的水平上显著。括号内数值为 T 值。

**表 5-15　环境处罚力度、企业外部信息环境与企业税负**

| Variable | （1） | （2） | （3） | （4） |
|---|---|---|---|---|
| | 企业外部信息环境较差 | | 企业外部信息环境较好 | |
| | Taxburden1 | Taxburden2 | Taxburden1 | Taxburden2 |
| P_degree | −0.048 | −0.038 | 0.119*** | 0.144*** |
| | （−1.128） | （−0.855） | （4.048） | （4.494） |
| Size | −0.034 | −0.068 | −0.125*** | −0.175*** |
| | （−0.761） | （−1.417） | （−4.417） | （−5.657） |
| ROA | −16.474*** | −17.504*** | −12.172*** | −13.062*** |
| | （−15.011） | （−15.159） | （−17.359） | （−17.074） |
| Gross | 1.623*** | 1.524*** | 0.921*** | 0.803*** |
| | （6.878） | （6.137） | （5.412） | （4.327） |
| Lev | 1.275*** | 1.271*** | 0.767*** | 0.597*** |
| | （5.141） | （4.874） | （4.091） | （2.918） |
| Growth | −0.271*** | −0.339*** | −0.321*** | −0.393*** |
| | （−3.409） | （−4.054） | （−4.322） | （−4.849） |
| Capint | 1.151*** | 1.139*** | 0.646*** | 0.496* |
| | （3.967） | （3.732） | （2.748） | （1.935） |
| Invint | 0.622 | 0.383 | 0.247 | 0.312 |
| | （1.374） | （0.805） | （0.681） | （0.789） |
| Cash | 0.190 | 0.225 | 0.708** | 0.664** |
| | （0.498） | （0.562） | （2.506） | （2.156） |
| Inta | 0.960 | 1.244 | −0.343 | −0.452 |
| | （1.201） | （1.480） | （−0.555） | （−0.670） |

| Variable | （1） | （2） | （3） | （4） |
|---|---|---|---|---|
| | 企业外部信息环境较差 | | 企业外部信息环境较好 | |
| | Taxburden1 | Taxburden2 | Taxburden1 | Taxburden2 |
| Eqinc | 1.281 | 1.541 | 1.502 | 1.531 |
| | （0.436） | （0.498） | （0.780） | （0.729） |
| Top1 | 0.563** | 0.625** | 0.646*** | 0.900*** |
| | （2.193） | （2.313） | （3.197） | （4.085） |
| Age | 0.056 | 0.066 | 0.242*** | 0.311*** |
| | （0.880） | （1.000） | （4.917） | （5.789） |
| Bdind | −0.217 | −0.666 | −0.137 | 0.033 |
| | （−0.327） | （−0.953） | （−0.259） | （0.058） |
| SOE | 0.254*** | 0.286*** | 0.287*** | 0.236*** |
| | （2.889） | （3.089） | （4.035） | （3.035） |
| _cons | 1.091** | 1.589*** | 1.877*** | 2.294*** |
| | （2.202） | （3.050） | （5.205） | （5.831） |
| Year | Yes | Yes | Yes | Yes |
| Industry | Yes | Yes | Yes | Yes |
| N | 1488 | 1488 | 2096 | 2096 |
| adj. $R^2$ | 0.311 | 0.312 | 0.278 | 0.271 |
| F | 27.848 | 28.014 | 33.263 | 32.143 |

注：*、**、***分别表示在10%、5%和1%的水平上显著。括号内数值为T值。

# 第七节　进一步分析

## 一、区分企业税费支付和税费返还的机制检验

为了进一步分析环境处罚导致的企业税负差异主要是源自企业税费支付还是税费返还，主要针对企业税费支付率（Taxpay）和税费返还率（Taxrfd）进行区分检验，即根据模型（5-1）和模型（5-2），将模型中的被解释变量分别

替换为 Taxpay 和 Taxrfd，然后重新进行 OLS 回归。

结果如表 5-16 所示：第（1）~（2）列结果显示，环境处罚频次和环境处罚力度均与企业税费支付率在 5% 水平上显著呈正相关，而第（3）列和第（4）列结果显示，环境处罚频次和环境处罚力度均与企业税费返还率呈负相关但不显著。结果表明环境处罚频次和环境处罚力度对企业整体税负的正向影响主要源于企业税费支付的显著增加，虽然环境处罚频次和环境处罚力度也降低了企业税费返还，但这种影响不起主要作用。总之，该结论支持前文理论分析，即环境处罚会导致企业税收优惠减少或取消，进而导致税费支付增加。

**表 5-16　区分企业税费支付和税费返还的机制检验**

| Variable | (1) | (2) | (3) | (4) |
| --- | --- | --- | --- | --- |
| | 企业税费支付 | | 税费返还 | |
| | Taxpay | Taxpay | Taxrfd | Taxrfd |
| P_number | 0.067** | | -0.003 | |
| | (2.494) | | (-0.970) | |
| P_degree | | 0.052** | | -0.004 |
| | | (1.987) | | (-1.286) |
| Size | -0.089*** | -0.080*** | 0.005* | 0.006* |
| | (-3.419) | (-3.172) | (1.795) | (1.864) |
| ROA | -14.472*** | -14.488*** | -0.721*** | -0.722*** |
| | (-23.171) | (-23.193) | (-9.873) | (-9.878) |
| Gross | 1.104*** | 1.098*** | -0.059*** | -0.060*** |
| | (7.429) | (7.389) | (-3.407) | (-3.426) |
| Lev | 1.053*** | 1.047*** | 0.027 | 0.028 |
| | (6.569) | (6.527) | (1.449) | (1.471) |
| Growth | -0.327*** | -0.327*** | -0.013* | -0.013** |
| | (-5.661) | (-5.657) | (-1.957) | (-1.976) |
| Capint | 1.007*** | 1.031*** | 0.121*** | 0.121*** |
| | (5.134) | (5.268) | (5.292) | (5.308) |
| Invint | 0.658** | 0.656** | 0.122*** | 0.122*** |
| | (2.173) | (2.165) | (3.443) | (3.433) |
| Cash | 0.537** | 0.539** | 0.047 | 0.047* |
| | (2.204) | (2.212) | (1.635) | (1.650) |
| Inta | 0.241 | 0.263 | -0.064 | -0.064 |
| | (0.458) | (0.500) | (-1.049) | (-1.047) |

续表

| Variable | （1） | （2） | （3） | （4） |
|---|---|---|---|---|
| | 企业税费支付 | | 税费返还 | |
| | Taxpay | Taxpay | Taxrfd | Taxrfd |
| Eqinc | 2.479 | 2.513 | 0.221 | 0.221 |
| | （1.430） | （1.450） | （1.091） | （1.092） |
| Top1 | 0.571 *** | 0.567 *** | −0.032 | −0.032 |
| | （3.361） | （3.338） | （−1.634） | （−1.629） |
| Age | 0.168 *** | 0.166 *** | 0.005 | 0.005 |
| | （4.047） | （4.009） | （1.063） | （1.064） |
| Bdind | 0.056 | 0.056 | 0.101 * | 0.101 * |
| | （0.128） | （0.126） | （1.949） | （1.945） |
| SOE | 0.280 *** | 0.282 *** | 0.003 | 0.003 |
| | （4.722） | （4.751） | （0.448） | （0.455） |
| _cons | 1.464 *** | 1.393 *** | −0.057 | −0.058 |
| | （4.695） | （4.518） | （−1.570） | （−1.609） |
| Year | Yes | Yes | Yes | Yes |
| Industry | Yes | Yes | Yes | Yes |
| N | 3584 | 3584 | 3584 | 3584 |
| adj. R² | 0.286 | 0.285 | 0.110 | 0.110 |
| F | 58.394 | 58.266 | 18.662 | 18.694 |

注：＊、＊＊、＊＊＊分别表示在 10%、5% 和 1% 的水平上显著。括号内数值为 T 值。

## 二、区分所得税税负和增值税税负的机制检验

为了进一步了解环境处罚导致的企业税负差异主要源自哪些具体的税种，主要针对企业所得税和增值税这两个税种进行区分检验，因为中国税制是以流转税和所得税为主的"双主体"税制结构，企业所得税和增值税在税收收入中占主导地位①。对于所得税税负（EITburden）和增值税税负（VATburden）两

---

① 自 2016 年 5 月 1 日起，在全国范围内全面推开营业税改征增值税（以下简称营改增）试点，2017 年 10 月 30 日《国务院关于废止〈中华人民共和国营业税暂行条例〉和修改〈中华人民共和国增值税暂行条例〉的决定（草案）》的通过，标志着营业税全面取消。因此，本书不对营业税的税种进行单独检验。

项指标的衡量,首先,综合借鉴 Hanlon 和 Heitzman(2010)以及刘骏和刘峰
(2014)的做法,定义所得税税负=(所得税费用-递延所得税-Δ应交所得
税)/息税前利润;增值税税负=[支付的各项税费-收到的税费返还-(所得税
费用-递延所得税-Δ应交所得税)-(营业税金及附加-Δ应交的营业税金及附
加)]/息税前利润,其中,应交的营业税金及附加=应交税费-应交所得税-应
交增值税。其次,根据模型(5-1)和模型(5-2),将模型中的被解释变量分
别换为 EITburden 和 VATburden,然后重新进行 OLS 回归。

结果如表 5-17 所示:第(1)~(2)列结果显示,环境处罚频次和环境处
罚力度均与企业所得税税负(EITburden)在 1%水平上显著正相关,表明环境
处罚频次和环境处罚力度显著提高了企业所得税税负;第(3)~(4)列结果显
示,环境处罚频次和环境处罚力度均与企业增值税税负(VATburden)呈正相
关但不显著,表明环境处罚提高了企业增值税税负,但这种效应并不明显。本
书认为可能的原因在于,虽然环境处罚增加了企业对增值税免税额和退税额的
追缴款和补缴款等,但由于环境处罚对企业正常运营产生了负面影响,降低了
经营业务流转的效率,导致企业产生的增值税纳税额也会下降,所以这两方面
不同方向影响导致环境处罚对企业增值税税负的影响并不显著。但第(3)~
(4)列的回归系数是正数,表明环境处罚在一定程度上提高了企业增值税税
负。综上所述,环境处罚对企业税负的影响主要源于企业所得税税负的显著
增加。

表 5-17 区分所得税和增值税的机制检验

| Variable | (1) | (2) | (3) | (4) |
|---|---|---|---|---|
| | 所得税税负 | | 增值税税负 | |
| | EITburden | EITburden | VATburden | VATburden |
| P_number | 0.015*** | | 0.019 | |
| | (4.551) | | (1.001) | |
| P_degree | | 0.012*** | | 0.006 |
| | | (3.790) | | (0.354) |
| Size | 0.000 | 0.002 | -0.086*** | -0.082*** |
| | (0.026) | (0.565) | (-4.735) | (-4.579) |
| ROA | -1.219*** | -1.222*** | -9.290*** | -9.299*** |
| | (-15.765) | (-15.797) | (-21.159) | (-21.181) |
| Gross | 0.084*** | 0.083*** | 0.828*** | 0.823*** |
| | (4.570) | (4.507) | (7.922) | (7.877) |

续表

| Variable | （1） | （2） | （3） | （4） |
|---|---|---|---|---|
| | 所得税税负 | | 增值税税负 | |
| | EITburden | EITburden | VATburden | VATburden |
| Lev | 0.065 *** | 0.063 *** | 0.875 *** | 0.874 *** |
| | （3.273） | （3.195） | （7.762） | （7.749） |
| Growth | -0.038 *** | -0.038 *** | -0.202 *** | -0.202 *** |
| | （-5.344） | （-5.331） | （-4.960） | （-4.975） |
| Capint | -0.099 *** | -0.094 *** | 0.607 *** | 0.619 *** |
| | （-4.069） | （-3.874） | （4.397） | （4.498） |
| Invint | 0.000 | 0.000 | 0.083 | 0.080 |
| | （0.010） | （0.001） | （0.391） | （0.377） |
| Cash | -0.013 | -0.012 | 0.313 * | 0.317 * |
| | （-0.416） | （-0.404） | （1.830） | （1.850） |
| Inta | 0.078 | 0.082 | 0.179 | 0.191 |
| | （1.197） | （1.266） | （0.484） | （0.517） |
| Eqinc | -1.080 *** | -1.072 *** | 1.367 | 1.385 |
| | （-5.033） | （-4.995） | （1.122） | （1.137） |
| Top1 | -0.013 | -0.014 | 0.359 *** | 0.358 *** |
| | （-0.617） | （-0.656） | （3.011） | （2.999） |
| Age | 0.020 *** | 0.019 *** | 0.100 *** | 0.099 *** |
| | （3.840） | （3.773） | （3.423） | （3.396） |
| Bdind | 0.037 | 0.037 | 0.032 | 0.031 |
| | （0.683） | （0.681） | （0.104） | （0.099） |
| SOE | -0.003 | -0.002 | 0.183 *** | 0.185 *** |
| | （-0.387） | （-0.340） | （4.403） | （4.431） |
| _cons | 0.299 *** | 0.285 *** | 1.078 *** | 1.037 *** |
| | （7.759） | （7.458） | （4.918） | （4.787） |
| Year | Yes | Yes | Yes | Yes |
| Industry | Yes | Yes | Yes | Yes |
| N | 3584 | 3584 | 3584 | 3584 |
| adj. $R^2$ | 0.167 | 0.166 | 0.246 | 0.246 |
| F | 29.803 | 29.498 | 47.689 | 47.642 |

注：＊、＊＊＊分别表示在 10%、1%的水平上显著。括号内数值为 T 值。

## 三、债务融资税盾效应的中介机制检验

根据第四章结论，企业被环境处罚后，企业当期的新增银行借款明显减少。本书认为，债务融资规模的减少会进一步弱化其税盾效应，进而间接增加企业当期的税负水平，即企业新增银行借款的税盾效应在环境处罚和企业税负之间发挥了中介作用。

为了检验这一中介机制，采用当期的企业新增银行借款（Loan）反映债务融资税盾效应，并借鉴前人做法（温忠麟和叶宝娟，2014；周泽将等，2020），构建中介效应模型（5-3）和模型（5-4）以检验环境处罚是否通过降低债务融资税盾效应而增加企业税负，其中，企业税负（Taxburden）的衡量仍然包括Taxburden1 和 Taxburden2 两种方式：

$$
\begin{aligned}
\text{Loan}_{i,t} = {} & \alpha_0 + \alpha_1 \text{P\_number}_{i,t} / \text{P\_degree}_{i,t} + \alpha_2 \text{Size}_{i,t} + \alpha_3 \text{ROA}_{i,t} + \alpha_4 \text{Gross}_{i,t} + \\
& \alpha_5 \text{Lev}_{i,t} + \alpha_6 \text{Growth}_{i,t} + \alpha_7 \text{Capint}_{i,t} + \alpha_8 \text{Invint}_{i,t} + \alpha_9 \text{Cash}_{i,t} + \alpha_{10} \text{Inta}_{i,t} + \\
& \alpha_{11} \text{Eqinc}_{i,t} + \alpha_{12} \text{Top1}_{i,t} + \alpha_{13} \text{Age}_{i,t} + \alpha_{14} \text{Bdind}_{i,t} + \alpha_{15} \text{SOE}_{i,t} + \\
& \text{Year} + \text{Industry} + \varepsilon
\end{aligned}
\tag{5-3}
$$

$$
\begin{aligned}
\text{Taxburden}_{i,t} = {} & \beta_0 + \beta_1 \text{P\_number}_{i,t} / \text{P\_degree}_{i,t} + \beta_2 \text{Loan}_{i,t} + \beta_3 \text{Size}_{i,t} + \beta_4 \text{ROA}_{i,t} + \\
& \beta_5 \text{Gross}_{i,t} + \beta_6 \text{Lev}_{i,t} + \beta_7 \text{Growth}_{i,t} + \beta_8 \text{Capint}_{i,t} + \beta_9 \text{Invint}_{i,t} + \\
& \beta_{10} \text{Cash}_{i,t} + \beta_{11} \text{Inta}_{i,t} + \beta_{12} \text{Eqinc}_{i,t} + \beta_{13} \text{Top1}_{i,t} + \beta_{14} \text{Age}_{i,t} + \\
& \beta_{15} \text{Bdind}_{i,t} + \beta_{16} \text{SOE}_{i,t} + \text{Year} + \text{Industry} + \varepsilon
\end{aligned}
\tag{5-4}
$$

回归结果如表5-18所示：第（1）~（2）列是根据模型（5-3）回归，发现环境处罚频次和环境处罚力度（P_number 和 P_degree）两项指标都与当期的企业新增银行借款（Loan）在10%水平上显著呈负相关，表明环境处罚当期就降低了企业新增银行借款的规模。第（3）~（6）列是根据模型（5-4）回归，解释变量包括环境处罚频次（P_number）和环境处罚力度（P_degree），结果发现，环境处罚频次和环境处罚力度都与企业税负显著呈正相关，企业新增银行借款（Loan）与企业税负都在1%水平上显著呈负相关。并且相较于表5-5主回归结果中 P_number 和 P_degree 系数的 T 值，表5-18 基于模型（5-4）回归的 P_number 和 P_degree 系数的 T 值都有所下降。总之，以上证据表明，环境处罚能够降低企业当期的银行借款规模并弱化债务融资的税盾效应，进而间接增加了企业税负水平，因此债务融资税盾效应在环境处罚和企业税负之间的中介影响机制成立。

表 5-18 债务融资税盾效应的中介机制检验

| Variable | （1）Loan | （2）Loan | （3）Taxburden1 | （4）Taxburden1 | （5）Taxburden2 | （6）Taxburden2 |
|---|---|---|---|---|---|---|
| P_number | -0.003 * (-1.724) | | 0.068 *** (2.712) | | 0.092 *** (3.411) | |
| P_degree | | -0.003 * (-1.812) | | 0.053 ** (2.191) | | 0.073 *** (2.781) |
| Loan | | | -1.079 *** (-4.209) | -1.082 *** (-4.219) | -1.071 *** (-3.883) | -1.075 *** (-3.895) |
| Size | 0.004 ** (2.283) | 0.003 ** (2.243) | -0.089 *** (-3.677) | -0.081 *** (-3.417) | -0.135 *** (-5.179) | -0.124 *** (-4.872) |
| ROA | -0.128 *** (-3.358) | -0.128 *** (-3.351) | -13.671 *** (-23.410) | -13.687 *** (-23.433) | -14.575 *** (-23.188) | -14.597 *** (-23.213) |
| Gross | 0.009 (0.981) | 0.009 (0.979) | 1.181 *** (8.508) | 1.175 *** (8.466) | 1.070 *** (7.164) | 1.063 *** (7.112) |
| Lev | 0.105 *** (10.725) | 0.105 *** (10.758) | 1.115 *** (7.329) | 1.108 *** (7.284) | 1.019 *** (6.222) | 1.010 *** (6.165) |
| Growth | 0.056 *** (15.876) | 0.056 *** (15.856) | -0.244 *** (-4.375) | -0.244 *** (-4.369) | -0.314 *** (-5.220) | -0.313 *** (-5.210) |
| Capint | -0.098 *** (-8.218) | -0.099 *** (-8.287) | 0.703 *** (3.802) | 0.726 *** (3.936) | 0.595 *** (2.990) | 0.626 *** (3.152) |
| Invint | -0.067 *** (-3.621) | -0.067 *** (-3.627) | 0.436 (1.539) | 0.434 (1.530) | 0.383 (1.256) | 0.380 (1.246) |
| Cash | -0.040 *** (-2.665) | -0.040 *** (-2.656) | 0.437 * (1.920) | 0.439 * (1.927) | 0.411 * (1.678) | 0.414 * (1.687) |
| Inta | -0.041 (-1.270) | -0.041 (-1.283) | 0.186 (0.379) | 0.207 (0.423) | 0.215 (0.407) | 0.244 (0.462) |
| Eqinc | -0.567 *** (-5.362) | -0.568 *** (-5.370) | 1.399 (0.861) | 1.431 (0.881) | 1.680 (0.961) | 1.724 (0.986) |
| Top1 | 0.007 (0.637) | 0.007 (0.649) | 0.611 *** (3.852) | 0.607 *** (3.827) | 0.782 *** (4.585) | 0.777 *** (4.553) |
| Age | -0.013 *** (-5.264) | -0.013 *** (-5.252) | 0.150 *** (3.865) | 0.148 *** (3.824) | 0.197 *** (4.721) | 0.195 *** (4.668) |
| Bdind | 0.002 (0.068) | 0.002 (0.065) | -0.148 (-0.359) | -0.149 (-0.360) | -0.253 (-0.569) | -0.253 (-0.570) |

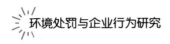

续表

| Variable | (1)<br>Loan | (2)<br>Loan | (3)<br>Taxburden1 | (4)<br>Taxburden1 | (5)<br>Taxburden2 | (6)<br>Taxburden2 |
|---|---|---|---|---|---|---|
| SOE | −0.005<br>(−1.509) | −0.005<br>(−1.514) | 0.270***<br>(4.874) | 0.271***<br>(4.903) | 0.252***<br>(4.238) | 0.255***<br>(4.274) |
| _cons | 0.013<br>(0.695) | 0.014<br>(0.769) | 1.578***<br>(5.422) | 1.508***<br>(5.239) | 2.055***<br>(6.561) | 1.962***<br>(6.332) |
| Year | Yes | Yes | Yes | Yes | Yes | Yes |
| Industry | Yes | Yes | Yes | Yes | Yes | Yes |
| N | 3584 | 3584 | 3584 | 3584 | 3584 | 3584 |
| adj. $R^2$ | 0.157 | 0.157 | 0.287 | 0.287 | 0.280 | 0.279 |
| F | 27.598 | 27.612 | 56.474 | 56.336 | 54.531 | 54.321 |

注：*、**、*** 分别表示在 10%、5% 和 1% 的水平上显著。括号内数值为 T 值。

# 第八节　本章小结

本章分析了环境处罚对企业税负的影响，并以 2012~2018 年沪深 A 股重污染行业上市公司为研究样本。结果发现，环境处罚频次和环境处罚力度均能显著正向影响企业税负，表明环境处罚的频次越多以及处罚力度越大，企业承担的税负水平越高。本章进行了一系列的稳健性检验后，发现其主要研究结论保持不变。异质性分析发现，环境处罚对企业税负的"税收惩罚效应"主要体现在企业规模较大组和企业外部信息环境较好组。进一步分析发现，环境处罚频次和环境处罚力度对企业整体税负的正向影响主要源于企业税费支付的显著增加，虽然环境处罚频次和环境处罚力度降低了企业税费返还，但这种影响不是主要作用。从不同税种的作用来看，环境处罚对企业税负的影响主要源于企业所得税税负的增加。此外，除了企业税费支付率的增加和企业所得税税负的增加这两个直接影响路径之外，企业新增银行借款规模的降低也是间接影响环境处罚和企业税负之间关系的影响机制，即企业新增银行借款的"税盾效应"在环境处罚和企业税负之间发挥了中介作用。

# 第六章　环境处罚对目标企业环境治理的影响

## 第一节　引言

目标企业是当年被政府实施环境处罚的企业，环境处罚对目标企业环境治理能否产生威慑效应，在很大程度上取决于政府环境执法过程是否会对企业生产经营活动及其风险和收益产生实质性影响。而根据前文分析，政府环境处罚对企业产生了"融资惩罚效应"和"税收惩罚效应"，即对企业生产经营活动及其风险和收益产生了实质性影响。为了缓解政府环境处罚带来的各项不利影响，并进一步避免企业在未来受到更多的环境处罚，企业有动机进行环境治理。关于政府环境执法和企业环境治理之间关系的研究，既有文献主要以美国为主的国外背景下进行分析的，而国内文献主要是从事前的环保立法和执法监督的角度评价环境规制的效果（王兵等，2017；沈洪涛和周艳坤，2017；于连超等，2019），较少从事后行政处罚的角度分析政府环境执法的作用，据本书所知，目前可能仅有王云等（2020）和徐彦坤等（2020）分析了中国环境处罚的效果，但他们研究的对象和结论与本书有较大差异。此外，国内外关于企业被处罚后行为反应的研究，大多是以环境结果为执法效果的评价导向（Glicksman and Earnhart，2007；Shimshack and Ward，2008），忽视了企业改善环境治理的努力程度和过程投入，也很少同时分析环境执法对目标企业的特殊威慑和对其他企业的一般威慑效应（Shimshack and Ward，2005；Lim，2016），这可能也会低估政府环境执法对企业环境治理的影响。

综上所述，现有文献关于政府环境执法的效果评价还缺少全面、系统的评估，尤其是在中国的制度背景下，从实证角度探讨环境处罚对企业环境治理的影响研究也非常不足。鉴于此，本书基于中国的环境执法背景，从环境处罚的广度和深度层面以及企业环境治理的过程和结果双重维度视角探究以下两个问题：一是环境处罚频次如何影响目标企业的环境治理，该影响在环境治理的过程维度和结果维度如何体现？二是环境处罚力度如何影响目标企业的环境治理，该影响在环境治理的过程维度和结果维度如何体现？

# 第二节　理论分析与研究假设

## 一、环境处罚频次对目标企业环境治理的特殊威慑效应

环境处罚是政府对企业环境违规行为的一种事后惩罚措施，可能会为目标企业改善环境治理提供特殊威慑和负向激励。首先，这些处罚会给目标企业带来很多直接和间接的经济利益流出，其中，直接利益流出包括赔偿费、罚款、生态恢复基金以及其他相关负债等，间接利益流出包括因丧失环保税收优惠政策的资格而产生的补税和退税款项，增加了整体税负水平，还包括与更严格监管督察相关的费用支出、声誉受损带来的财务影响、与各级政府关系受损对公司运营造成的负面溢出效应（Andarge and Lichtenberg，2020）以及因违规被要求限制生产或停产整治引发的经济损失等。其次，环境处罚揭示了目标企业生产过程中的环境风险，表明了目标企业合法性受到威胁，进而会引起其他利益相关者的不满，既有研究发现企业环保处罚事件会带来显著为负的异常收益率（王依和龚新宇，2018），环境违规行为还会负向影响企业贷款水平（Zou et al.，2017）、现金流（Blanco et al.，2009）、声誉（Lin et al.，2016）和消费者反应（Grappi et al.，2013）等。最后，目标企业在未来被督察和执法的风险成本也更大[①]，因为违规者很有可能再次违规（Shimshack，2014），过去已有的环境违规记录也会加大企业再次被政府处罚的概率和处罚力度（Kleit et al.，1998；Harrington，1988）。总之，环境处罚威胁目标企业生存合法性，并给目标企业带来多项风险和损失，这些风险和损失还会随着处罚次数增多而不断加重。因此本书认为，环境处罚频次越多，其对目标企业环境治理的负向激励和

---

① 例如，2014 年《北京市大气污染防治条例》正式实施后，监察部门的处罚力度将"变本加厉"，对屡犯不改的违法行为进行加倍处罚，上不封顶。资料来源：http：//news. bjx. com. cn/html/20140220/492066. shtml。

特殊威慑效应也会更强，即环境处罚频次正向影响目标企业的环境治理。

具体而言，环境处罚频次对目标企业的特殊威慑效应体现在环境治理的过程维度和结果维度。一方面，在环境治理的结果维度，由于环境治理结果会直接影响到监管部门评价和执法，为了及时改变环境违规的状态，目标企业应该增加合规行为并减少污染，它们可以通过督察执法项目发现易于整改的维修问题或是帮助减少污染的流程改进之处（Wayne et al.，2011）。部分目标企业还可能只进行象征性的改善行动，在短期内采取实现合法性的环保实务或仅针对违规项目进行整改，将污染排放量减少至限定标准以内，以满足监管考察指标的要求，这些做法都是旨在使环境治理结果达到合规水平。另一方面，环境处罚对目标企业的特殊威慑效应还可能体现在环境治理过程维度上，因为执法活动可能会提高目标企业对未来督察和执法行动的威胁感知，而环境治理过程是从根源上改善环境治理结果的重要方法，它涵盖了公司为改善其环境绩效而实施的环境治理实务。所以被处罚的企业会加大合规意愿，对污染行为进行控制和调整（Crafts，2006），其中，很多调整措施就是体现在环境治理过程中的，例如，企业采取补救行动作为一种合法化策略，在环境违规后参与并投资环境补偿项目（Lee and Xiao，2020），以及在被高额罚款后增加对减排技术的投资（Taschini et al.，2014）。

综上所述，提出如下假设：

**H6-1**：环境处罚频次正向影响目标企业的环境治理，即环境处罚频次越多，目标企业环境治理水平越高；

**H6-1a**：环境处罚频次正向影响目标企业的环境治理过程维度，即环境处罚频次越多，目标企业在过程维度的环境治理水平越高；

**H6-1b**：环境处罚频次正向影响目标企业的环境治理结果维度，即环境处罚频次越多，目标企业在结果维度的环境治理水平越高。

## 二、环境处罚力度对目标企业环境治理的特殊威慑效应

从环境处罚的深度层面探究环境处罚力度对目标企业环境治理的影响。既有研究表明执法活动的效果会因环境执法的手段不同而不同（Miller，2005；Shimshack and Ward，2005；Shimshack，2014），环境执法的强度也会影响环境政策目标的实现（Harrington，2013）。基于制度理论、威慑理论和声誉理论，环境处罚力度越大，表明政府对促进目标企业环境治理的强制性制度压力越大，目标企业面临的合法性威胁、声誉损失和各项风险成本也越大，这就为目标企

业环境治理提供了更强的负向激励,所以环保执法越严厉,其威慑效应越大(Lynch et al.,2016)。

在中国制度背景下,环境处罚包括警告、环境信用评价、挂牌督办、督查、责令改正或限期改正、没收非法财物、实施查封、扣押、责令限制生产、责令停产整治、行政拘留、涉嫌环境犯罪和罚款等多种类型。这些不同类型的处罚手段伴随的处罚力度和威慑效用也会不同,其中,一些诸如警告、责令改正或少量罚款等轻度处罚对目标企业的不利影响较小,产生的威慑效应也较小。而对于一些重度的环境处罚,目标企业可能面临百万元以上的罚款甚至被要求停产整顿①,这不仅增加目标企业成本而且还可能严重阻碍生产运营,直接导致目标企业业绩和声誉受损,这类情况下的威慑效应更大。而且这种影响会随着环境处罚力度的增加而增大,为了使下滑的业绩能够及时止损,目标企业有更强动机改变违规状态并改善环境治理。

此外,不同的环境处罚力度对于目标企业产生的其他方面影响也是不同的,例如,在绿色信贷方面,针对一般污染企业受到的轻度环境处罚,各商业银行可能采取限制贷款额度或利率惩罚等方式,而对于严重污染企业或项目受到的重度环境处罚,各商业银行可能采取暂停贷款或者提前收回贷款等信贷处罚措施。相比较而言,显然后者的信贷惩罚方式更加严重。在企业税负方面,如果企业受到警告或单次1万元以下罚款的轻度处罚,那么这类环境处罚并不影响企业享受增值税即征即退政策;如果企业受到的环境处罚力度较大,那么企业可能不仅面临数额巨大的环境罚单,而且在随后三年内不得享受增值税即征即退政策,影响企业当年甚至是三年的纳税额,这无疑会在很大程度上增加企业的税负。为了提高被环境处罚影响的债务融资能力,也为了降低企业整体税负水平,并尽快恢复享受环保产业税收优惠政策的资格,企业有动机进行环境治理。所以环境处罚引发的企业"融资惩罚效应"和"税收惩罚效应",也会与环境处罚本身的特殊威慑效应形成联动效应,一起促进目标企业进行环境治理。

总之,当违法企业因其不当行为面临更大程度的责任或谴责时,它们更有可能做出弥补(Goodstein and Butterfeld,2010)。一方面,在环境治理的结果维度上,目标企业面临越大力度的处罚,越想要迅速将相关违规指标改善至合规状态,并消除多种不利影响。为此,目标企业可能会采取短期应对策略和表征

---

① 根据环保网,2018年4月,广济药业、和胜股份、龙蟒佰利、辉丰股份、南京熊猫等6家上市公司和挂牌公司发布了涉及环保的处罚整改公告,罚款金额累计近4000万元;2019年7月5日,因"销售不符合标准的车辆",江淮汽车收到北京市生态环境局一张1.7亿元的巨额罚单,创下中国车企环保罚单的最高纪录。

性行为以快速提高环境治理结果水平，例如，通过企业的减产行为而非增加的环保投资改善环境绩效（沈洪涛和周艳坤，2017）。另一方面，在环境治理的过程维度上，较大力度的环境处罚也可能在更大程度上威慑目标企业进行环境治理过程的投入和创新，例如，Taschini等（2014）通过实验发现，高额罚款能促进企业对减排技术的投资。因为仅仅改善环境治理结果，只能使目标企业在表面上合规，这些策略是"治标"而不"治本"的，尤其对于已经被严重处罚的目标企业，它们在未来有更大可能性被再次督查或执法，所以从长远角度考虑，目标企业只有从过程维度出发进行环境治理，才能有效地提升环境治理结果水平。总之，环境处罚力度越大，对目标企业环境治理及其过程维度和结果维度造成的特殊威慑效应越大。

综上所述，提出具体假设如下：

**H6-2**：环境处罚力度正向影响目标企业的环境治理，即环境处罚力度越大，目标企业环境治理水平越高；

**H6-2a**：环境处罚力度正向影响目标企业的环境治理过程维度，即环境处罚力度越大，目标企业在过程维度的环境治理水平越高；

**H6-2b**：环境处罚力度正向影响目标企业的环境治理结果维度，即环境处罚力度越大，目标企业在结果维度的环境治理水平越高。

# 第三节　研究设计

## 一、样本选择与数据来源

基于2012~2018年沪深A股上市公司，并依据2010年《上市公司环境信息披露指南》（征求意见稿）中界定的16类重污染行业，选取重污染行业的上市公司作为研究样本，并剔除了金融行业和ST、PT类以及数据缺失的样本，最终得到6016个公司年度观测值。本书所需环境处罚数据是利用爬虫软件收集于公众环境研究中心网站（IPE），公司财务数据来自CSMAR数据库，而企业环境治理数据则是从上市公司年报中手工收集得到，并利用内容分析法构建了环境治理过程和治理结果的衡量指标。另外，还对连续变量进行了缩尾处理。

## 二、研究方法与模型构建

首先，构建模型（6-1）以检验假设 H6-1、假设 H6-1a 和假设 H6-1b，构建模型（6-2）以检验假设 H6-2、假设 H6-2a 和假设 H6-2b；其次，根据模型进行 OLS 回归分析：

$$EGI_{i,t} / EGPI_{i,t} / EGOI_{i,t} = \alpha_0 + \alpha_1 P\_number_{i,t} + \alpha_2 Lag\_EGI_{i,t} / Lag\_EGPI_{i,t} /$$
$$Lag\_EGOI_{i,t} + \alpha_3 Size_{i,t} + \alpha_4 Lev_{i,t} + \alpha_5 ROA_{i,t} + \alpha_6 Top1_{i,t} +$$
$$\alpha_7 Bdind_{i,t} + \alpha_8 Manage_{i,t} + \alpha_9 Ocash_{i,t} + \alpha_{10} Growth_{i,t} +$$
$$\alpha_{11} Age_{i,t} + \alpha_{12} SOE_{i,t} + Year + Industry + \varepsilon \qquad (6-1)$$

$$EGI_{i,t} / EGPI_{i,t} / EGOI_{i,t} = \beta_0 + \beta_1 P\_degree_{i,t} + \beta_2 Lag\_EGI_{i,t} / Lag\_EGPI_{i,t} /$$
$$Lag\_EGOI_{i,t} + \beta_3 Size_{i,t} + \beta_4 Lev_{i,t} + \beta_5 ROA_{i,t} + \beta_6 Top1_{i,t} +$$
$$\beta_7 Bdind_{i,t} + \beta_8 Manage_{i,t} + \beta_9 Ocash_{i,t} + \beta_{10} Growth_{i,t} +$$
$$\beta_{11} Age_{i,t} + \beta_{12} SOE_{i,t} + Year + Industry + \varepsilon \qquad (6-2)$$

上述两个模型中的被解释变量都分别包括企业环境治理、环境治理过程维度和环境治理结果维度（EGI、EGPI 和 EGOI）。模型（6-1）的解释变量为环境处罚频次（P_number），模型（6-2）的解释变量是环境处罚力度（P_degree），这两项解释变量的衡量方法与第四章中的衡量方法一致。

值得注意的是，为了控制企业上一期的环境治理及其过程和结果对本期产生的影响，还加入了环境治理及其过程维度和结果维度的滞后一期指标作为控制变量（Lag_EGI、Lag_EGPI、Lag_EGOI），分别对其相应的当期指标进行回归。此外，借鉴 Zou 等（2017）、Wang 等（2019）及 Lee 和 Xiao（2020）的做法，控制了公司特征的一系列变量，还控制了行业和年度虚拟变量，所有变量的具体定义如表 6-1 所示。

表 6-1　变量定义

| 变量符号 | 变量名称 | 变量定义 |
|---|---|---|
| EGI | 企业环境治理 | 对环境治理指标的评分总和（EGI_score）标准化处理 |
| EGPI | 企业环境治理过程维度 | 对环境治理过程指标的评分总和（EGPI_score）标准化处理 |
| EGOI | 企业环境治理结果维度 | 对环境治理结果指标的评分总和（EGOI_score）标准化处理 |

续表

| 变量符号 | 变量名称 | 变量定义 |
|---|---|---|
| P_number_original | 环境处罚频次初始指标 | 按企业-年度加总过去一年中上市公司及其关联公司因环境违规受到处罚的总次数 |
| P_degree_original | 环境处罚力度初始指标 | 按企业-年度对过去一年中上市公司及其关联公司受环境处罚的次数和相应的分值权重进行相乘后加总得到的总分值 |
| P_number | 环境处罚频次 | 对环境处罚频次的初始指标进行标准化处理 |
| P_degree | 环境处罚力度 | 对环境处罚力度的初始指标进行标准化处理 |
| Punish | 环境处罚 | 企业当年受到环境处罚的次数达到一次及以上的取值为1，否则为0 |
| Size | 企业规模 | 总资产的自然对数 |
| Lev | 资产负债率 | 总负债与总资产的比值 |
| ROA | 总资产收益率 | 税前总利润/总资产 |
| Top1 | 股权集中度 | 第一大股东持股比例 |
| Bdind | 独立董事比例 | 独立董事与董事总人数的比值 |
| Manage | 代理成本 | 管理费用与营业收入比值 |
| Ocash | 经营性现金流水平 | 经营性现金流与总资产比值 |
| Growth | 成长性 | 主营业务收入增长率 |
| Age | 上市年龄 | 公司上市时间加1后取对数 |
| SOE | 产权性质 | 国有企业取值为1，否则为0 |
| Year | 年度 | 年度虚拟变量 |
| Industry | 行业 | 行业虚拟变量 |

在上述变量定义中，关于企业环境治理及其过程维度和结果维度的指标评分和衡量，综合采用 Clarkson 等（2008）、Du 等（2014）以及张国清等（2020）构建的内容分析法。首先，内容分析的整体框架是将公司在年度财务报告中披露的所有环境治理信息分为7大类共51项，并根据每一项信息进行评分，分别对以定量指标披露、定性描述、一般性术语描述和没披露的项目赋分为3、2、1和0。其次，考虑到部分企业选择披露环境治理信息是为了应对合法性压力，将其作为"刷绿"的战略性工具，这类信息并不能代表真实的环境治理，所以在上述7大类51项指标的基础上进行筛选分类，仅保留一些最能代表环境治理

过程维度和结果维度的"硬披露"指标①，以便更好地反映出环境治理两个维度的真实情况。同时为了减少指标衡量的噪音影响，还删减了少数环境治理的负面信息，例如，环境违法与环境事故等。再次，按照环境治理过程维度和结果维度的含义界定，分别选择指标进行相应的归类，企业环境治理的全部披露项目、维度划分及其指标筛选归类如表 6-2 所示。接着对两个维度下的所有项目分别进行分值汇总得到初始总分值（EGPI_score 和 EGOI_score），再将两个维度总分值加总即为企业环境治理的总分值（EGI_score）。最后，为了使环境治理及两个维度的数据更加符合正态分布，并减少多重共线性问题，对三类总分值又分别进行了标准化处理，最终得到企业环境治理及其两个维度的衡量指标（EGI、EGPI 和 EGOI）。

**表 6-2　企业环境治理的维度划分及其指标筛选**

| 类别 | 环境治理信息披露项目（51项） | 企业环境治理过程维度 | 企业环境治理结果维度 |
| --- | --- | --- | --- |
| 一、环境支出与风险 | 1. 过去和当期的环境支出/运作成本 | √ | |
| | 2. 对未来环境支出/运作成本的估计 | | |
| | 3. 环境负债与或有事项 | | |
| | 4. 环境风险及其准备金 | | |
| 二、环保违法 | 5. 环境违法行为记录 | | |
| | 6. 环保罚款、行政处罚与赔偿 | | |
| | 7. 关于环境管制和要求的讨论 | | |
| 三、污染物排放信息 | 8. 企业产品的资源消耗情况 | | √ |
| | 9. 企业产品导致的环境污染物情况 | | √ |
| | 10. 废气排放信息 | | √ |
| | 11. 废水排放信息 | | √ |
| | 12. 固体废物排放信息 | | √ |
| | 13. 噪音和恶臭 | | √ |
| | 14. 其他环境影响 | | |
| | 15. 环境事故 | | |
| | 16. 环境信访案件 | | |
| | 17. 节能减排任务的完成情况 | | √ |

① 借鉴 Clarkson 等（2008）的做法，企业的环境信息可以分为"硬披露"和"软披露"。其中，"硬披露"是对环境绩效的客观反映，这类信息不易被环境绩效差的企业模仿和操纵；而"软披露"更多是指很难被证实的环境承诺，具有较大的主观性和可操作性。

续表

| 类别 | 环境治理信息披露项目（51 项） | 企业环境治理过程维度 | 企业环境治理结果维度 |
|---|---|---|---|
| 四、环境污染治理 | 18. 企业主要污染治理工程投资 | √ | |
| | 19. 污染物排放是否达标 | | √ |
| | 20. 危险废物安全处置情况 | √ | |
| | 21. 环保设施的建设和运行情况 | √ | |
| | 22. 土地修复与整治 | √ | |
| | 23. 环境影响改正行动 | √ | |
| | 24. 排污口整治及其监控 | √ | |
| | 25. 清洁生产实施情况 | √ | |
| | 26. 环境污染事故应急预案 | | |
| 五、可持续发展状况 | 27. 自然资源的保护 | | |
| | 28. 废物的回收和综合利用 | √ | |
| | 29. 可持续发展报告 | | |
| 六、环境管理 | 30. 环境政策或公司对环境的关切 | | |
| | 31. 企业通过国家环境保护总局等颁布的环境认证情况 | | √ |
| | 32. 当年是否通过环保核查、评审、环评等 | | √ |
| | 33. 环境保护方面的荣誉或奖励 | | √ |
| | 34. 环境管理系统 | √ | |
| | 35. 供应商环境评估 | | |
| | 36. 产品生命周期中对环保的考虑 | | |
| | 37. 环境成本会计或管理会计 | | |
| | 38. 环境审计 | | |
| | 39. 环境目标和目的 | | |
| | 40. 污染控制部门或办公室 | √ | |
| | 41. 环保拨款、"三废"收入、补贴与税收减免 | | |
| | 42. 排污申报和排污许可证的依法申领 | √ | |
| | 43. 建设项目的环境影响评价依法开展情况 | | |

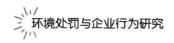

续表

| 类别 | 环境治理信息披露项目（51项） | 企业环境治理过程维度 | 企业环境治理结果维度 |
|---|---|---|---|
| 六、环境管理 | 44. "三同时"执行率 | | √ |
| | 45. 与环保部门签订改善环境行为自愿协议 | | |
| | 46. 环保相关的教育与培训 | √ | |
| | 47. 与利益相关者进行环境信息交流 | | |
| 七、其他 | 48. 环保型的最终产品/服务 | | √ |
| | 49. 环保型的利益相关者行为 | √ | |
| | 50. 环境会员/关系 | | |
| | 51. 环境技术研究和开发 | √ | |

资料来源：笔者根据资料整理绘制。

# 第四节　主要实证结果分析

## 一、描述性统计

描述性统计如表6-3所示：在有关被解释变量的统计中，企业环境治理初始总分（EGI_score）的均值、中值以及最大值分别为18.98、11和146，环境治理过程维度总分（EGPI_score）的均值、中值以及最大值分别为9.843、6和58，而环境治理结果维度总分（EGOI_score）的均值、中值以及最大值分别为9.006、4和106。这三项指标的最大值与最小值差距都较大，而中位值较小说明大多数企业的环境治理水平偏低，并且标准差越大，说明数据整体分布越离散，不同企业在环境治理方面的表现差异明显。这三项指标经过标准化处理后得到的EGI、EGPI和EGOI由于符合正态分布，其均值和标准差都分别为0和1。

在有关解释变量的统计中，环境处罚频次的初始指标（P_number_original）均值和中值分别为1.239和0，其最小值和最大值分别为0和19，两者差距较大，但标准差偏小，说明处罚频次的数据分布比较集中。环境处罚力度的初始指标（P_degree_original）的均值和中值分别为2.321和0，其最小值和最大值分别为0和41，两者差距较大，且其标准差偏大，说明处罚力度的数据分布离散。这两项指标经过标准化处理后得到的 P_number 和 P_degree 由于符合正态分布，其均值和标准差也都分别为 0 和 1。环境处罚哑变量的统计结果显示，其均值为 0.337，说明有 33.7%的样本是受到环境处罚的企业年度观测值，所以不存在明显的样本有偏问题。此外，其他控制变量的数据统计也基本与前人结果类似。

表 6-3　描述性统计

| Variable | N | mean | min | p50 | max | sd |
| --- | --- | --- | --- | --- | --- | --- |
| EGI_score | 6016 | 18.98 | 0 | 11 | 146 | 24.32 |
| EGPI_score | 6016 | 9.843 | 0 | 6 | 58 | 11.36 |
| EGOI_score | 6016 | 9.006 | 0 | 4 | 106 | 16.24 |
| P_number_original | 6016 | 1.239 | 0 | 0 | 19 | 2.990 |
| P_degree_original | 6016 | 2.321 | 0 | 0 | 41 | 6.395 |
| EGI | 6016 | 0 | -0.780 | -0.328 | 5.223 | 1 |
| EGPI | 6016 | 0 | -0.867 | -0.338 | 4.240 | 1 |
| EGOI | 6016 | 0 | -0.554 | -0.308 | 5.972 | 1 |
| P_number | 6016 | 0 | -0.414 | -0.414 | 5.940 | 1 |
| P_degree | 6016 | 0 | -0.363 | -0.363 | 6.049 | 1 |
| Punish | 6016 | 0.337 | 0 | 0 | 1 | 0.473 |
| Size | 6016 | 8.382 | 5.775 | 8.198 | 12.25 | 1.264 |
| Lev | 6016 | 0.424 | 0.052 | 0.411 | 0.957 | 0.213 |
| ROA | 6016 | 0.038 | -0.201 | 0.033 | 0.217 | 0.061 |
| Top1 | 6016 | 0.351 | 0.092 | 0.332 | 0.764 | 0.149 |
| Bdind | 6016 | 0.372 | 0.333 | 0.333 | 0.571 | 0.051 |
| Manage | 6016 | 0.088 | 0.009 | 0.074 | 0.427 | 0.065 |
| Ocash | 6016 | 0.055 | -0.154 | 0.054 | 0.243 | 0.068 |
| Growth | 6016 | 0.161 | -0.586 | 0.075 | 3.278 | 0.487 |
| Age | 6016 | 2.265 | 0.693 | 2.398 | 3.178 | 0.696 |
| SOE | 6016 | 0.436 | 0 | 0 | 1 | 0.496 |

## 二、单变量分析

为了更直观地考察环境处罚与企业环境治理之间的关系，按照企业是否被环境处罚（Punish）进行分组，比较两组企业的环境治理之间的差异。单变量分析结果如表 6-4 所示：可以发现，被环境处罚的目标企业年度观测值是 2026 个，没有被环境处罚的其他企业年度观测值是 3990 个。被处罚的目标企业的环境治理指标（EGI）均值为 0.292，高于未被环境处罚企业的（EGI）指标均值 -0.148，对两者进行均值 T 检验，结果在 1% 水平上显著。类似地，被处罚的目标企业的环境治理过程维度指标（EGPI）和结果维度指标（EGOI）的均值都分别高于未被环境处罚企业的 EGPI 和 EGOI 指标的均值，对两者分别进行均值 T 检验，结果也都在 1% 水平上显著。结果表明被处罚的目标企业会进行更高水平的环境治理，包括过程维度和结果维度，这与本书假设逻辑相符。

表 6-4　单变量分析（以是否被环境处罚分组）

| Variable | Punish = 0 | | Punish = 1 | | Mean-Diff |
|---|---|---|---|---|---|
| | N | Mean | N | Mean | |
| EGI | 3990 | -0.148 | 2026 | 0.292 | -0.440 *** |
| EGPI | 3990 | -0.158 | 2026 | 0.310 | -0.468 *** |
| EGOI | 3990 | -0.108 | 2026 | 0.213 | -0.321 *** |

## 三、相关性分析

主要变量的相关性分析结果如表 6-5 所示：整体而言，企业环境治理及其两个维度之间的相关系数较大，但由于这三项指标是分别作为被解释变量进行回归，在模型检验中互不影响。另外，环境处罚频次和环境处罚力度之间的相关系数也较大，但由于这两项指标是分别作为解释变量进行回归，所以在模型检验中互不影响。除此之外，其他所有的变量之间相关系数均不超过 0.5，表明基本不存在共线性问题。具体而言，环境处罚频次与企业环境治理及其过程维度和结果维度都显著呈正相关，表明环境处罚频次越多，对企业环境治理及其过程维度和结果维度的促进作用越大，初步验证了假设 H6-1、假设 H6-1a 和假设 H6-1b，环境处罚力度与企业环境治理及其过程维度和结果维度也都显著呈正相关，表明环境处罚力度越大，对企业环境治理及其过程维度和结果维度的促进作用越大，初步验证了假设 H6-2、假设 H6-2a 和假设 H6-2b。

表 6-5 相关性分析

| Variable | EGI | EGPI | EGOI | P_number | P_degree | Size | Lev | ROA | Top1 | Bdind | Manage | Ocash | Growth | Age | SOE |
|---|---|---|---|---|---|---|---|---|---|---|---|---|---|---|---|
| EGI | 1 | | | | | | | | | | | | | | |
| EGPI | 0.796*** | 1 | | | | | | | | | | | | | |
| EGOI | 0.908*** | 0.482*** | 1 | | | | | | | | | | | | |
| P_number | 0.170*** | 0.174*** | 0.124*** | 1 | | | | | | | | | | | |
| P_degree | 0.180*** | 0.168*** | 0.145*** | 0.886*** | 1 | | | | | | | | | | |
| Size | 0.281*** | 0.280*** | 0.216*** | 0.464*** | 0.410*** | 1 | | | | | | | | | |
| Lev | 0.092*** | 0.128*** | 0.045*** | 0.222*** | 0.201*** | 0.392*** | 1 | | | | | | | | |
| ROA | 0.018 | -0.026** | 0.045*** | -0.064*** | -0.062*** | 0.003 | -0.432*** | 1 | | | | | | | |
| Top1 | 0.065*** | 0.090*** | 0.032** | 0.128*** | 0.108*** | 0.320*** | 0.059*** | 0.071*** | 1 | | | | | | |
| Bdind | -0.042*** | -0.048*** | -0.028** | -0.033** | -0.028** | -0.028** | -0.027** | -0.009 | 0.038*** | 1 | | | | | |
| Manage | -0.155*** | -0.127*** | -0.139*** | -0.134*** | -0.124*** | -0.357*** | -0.166*** | -0.132*** | -0.202*** | 0.040*** | 1 | | | | |
| Ocash | 0.077*** | 0.054*** | 0.077*** | 0.074*** | 0.054*** | 0.145*** | -0.143*** | 0.429*** | 0.138*** | -0.016 | -0.160*** | 1 | | | |
| Growth | -0.015 | -0.031** | -0.001 | -0.049*** | -0.050*** | -0.001 | -0.004 | 0.171*** | -0.016 | 0.010 | -0.060*** | -0.011 | 1 | | |
| Age | 0.152*** | 0.152*** | 0.117*** | 0.180*** | 0.165*** | 0.314*** | 0.354*** | -0.157*** | -0.063*** | -0.017 | -0.048** | 0.013 | -0.028** | 1 | |
| SOE | 0.112*** | 0.160*** | 0.053*** | 0.221*** | 0.196*** | 0.339*** | 0.333*** | -0.159*** | 0.173*** | -0.050*** | -0.098*** | 0.002 | -0.075*** | 0.510*** | 1 |

注：**、***分别表示在5%、1%的水平上显著。

## 四、回归结果分析

多元回归分析如表 6-6 所示：第 (1) ~ (3) 列是基于模型 (6-1) 的回归结果，被解释变量分别为企业环境治理、环境治理过程维度和环境治理结果维度（EGI、EGPI 和 EGOI），解释变量均为环境处罚频次（P_number）。结果显示，环境处罚频次与企业环境治理及其过程维度和结果维度均显著呈正相关，表明环境处罚的频次越多，越能够威慑目标企业进行过程维度和结果维度的环境治理，回归结果与理论预期一致，支持了假设 H6-1、假设 H6-1a 和假设 H6-1b。

第 (4) ~ (6) 列是基于模型 (6-2) 的回归结果，被解释变量分别为企业环境治理、环境治理过程维度和环境治理结果维度（EGI、EGPI 和 EGOI），解释变量均为环境处罚力度（P_degree）。结果显示，环境处罚力度与企业环境治理及其过程维度和结果维度也都显著呈正相关，表明环境处罚力度越大，越能够威慑目标企业进行环境治理，包括对过程维度和结果维度的环境治理，回归结果与理论预期一致，支持了假设 H6-2、假设 H6-2a 和假设 H6-2b。

表 6-6  主回归结果分析

| Variable | (1) EGI | (2) EGPI | (3) EGOI | (4) EGI | (5) EGPI | (6) EGOI |
|---|---|---|---|---|---|---|
| P_number | 0.035 *** (2.933) | 0.025 ** (2.011) | 0.034 *** (2.783) | | | |
| P_degree | | | | 0.041 *** (3.558) | 0.026 ** (2.088) | 0.045 *** (3.725) |
| Lag_EGI | 0.359 *** (31.835) | | | 0.359 *** (31.844) | | |
| Lag_EGPI | | 0.369 *** (31.327) | | | 0.370 *** (31.391) | |
| Lag_EGOI | | | 0.287 *** (25.176) | | | 0.286 *** (25.131) |
| Size | 0.100 *** (8.511) | 0.096 *** (7.725) | 0.087 *** (7.208) | 0.100 *** (8.695) | 0.097 *** (7.975) | 0.086 *** (7.278) |
| Lev | 0.018 (0.281) | 0.062 (0.911) | -0.000 (-0.003) | 0.015 (0.238) | 0.061 (0.892) | -0.004 (-0.055) |
| ROA | -0.024 (-0.111) | -0.309 (-1.337) | 0.145 (0.643) | -0.025 (-0.116) | -0.312 (-1.352) | 0.147 (0.651) |

续表

| Variable | （1）<br>EGI | （2）<br>EGPI | （3）<br>EGOI | （4）<br>EGI | （5）<br>EGPI | （6）<br>EGOI |
|---|---|---|---|---|---|---|
| Top1 | 0.031<br>（0.399） | 0.092<br>（1.123） | −0.013<br>（−0.162） | 0.031<br>（0.402） | 0.092<br>（1.119） | −0.012<br>（−0.153） |
| Bdind | −0.664***<br>（−3.263） | −0.689***<br>（−3.192） | −0.518**<br>（−2.460） | −0.662***<br>（−3.256） | −0.689***<br>（−3.192） | −0.515**<br>（−2.448） |
| Manage | −0.117<br>（−0.646） | −0.264<br>（−1.378） | −0.047<br>（−0.253） | −0.111<br>（−0.616） | −0.260<br>（−1.356） | −0.042<br>（−0.226） |
| Ocash | 0.385**<br>（2.203） | 0.357*<br>（1.927） | 0.358**<br>（1.982） | 0.391**<br>（2.241） | 0.363*<br>（1.960） | 0.363**<br>（2.012） |
| Growth | −0.028<br>（−1.276） | −0.043*<br>（−1.827） | −0.021<br>（−0.919） | −0.027<br>（−1.221） | −0.042*<br>（−1.805） | −0.019<br>（−0.851） |
| Age | 0.046**<br>（2.448） | 0.033<br>（1.635） | 0.050***<br>（2.584） | 0.046**<br>（2.456） | 0.033<br>（1.632） | 0.051***<br>（2.599） |
| SOE | 0.033<br>（1.260） | 0.087***<br>（3.121） | 0.004<br>（0.137） | 0.033<br>（1.245） | 0.088***<br>（3.127） | 0.003<br>（0.103） |
| _cons | −0.960***<br>（−7.015） | −0.672***<br>（−4.634） | −0.995***<br>（−7.037） | −0.963***<br>（−7.116） | −0.683***<br>（−4.763） | −0.989***<br>（−7.075） |
| Year | Yes | Yes | Yes | Yes | Yes | Yes |
| Industry | Yes | Yes | Yes | Yes | Yes | Yes |
| N | 6016 | 6016 | 6016 | 6016 | 6016 | 6016 |
| adj. $R^2$ | 0.354 | 0.273 | 0.309 | 0.355 | 0.273 | 0.310 |
| F | 151.103 | 103.894 | 123.316 | 151.389 | 103.913 | 123.720 |

注：*、**、***分别表示在10%、5%和1%的水平上显著。括号内数值为T值。

# 第五节  稳健性检验

## 一、解释变量滞后一期回归

考虑到环境处罚对目标企业环境治理的影响可能存在一定滞后性，本书将解释变量滞后一期进行回归，结果如表6-7所示：滞后一期的环境处罚频次和环境处罚力度依然显著正向影响企业环境治理及其过程维度和结果维度，即所有结果均类似于表6-6，说明结论较为稳健。

表6-7　解释变量滞后一期回归

| Variable | (1) EGI | (2) EGPI | (3) EGOI | (4) EGI | (5) EGPI | (6) EGOI |
|---|---|---|---|---|---|---|
| Lag_P_number | 0.061 *** (4.359) | 0.033 ** (2.331) | 0.061 *** (4.158) | | | |
| Lag_P_degree | | | | 0.058 *** (4.147) | 0.024 * (1.664) | 0.061 *** (4.095) |
| Lag_EGI | 0.378 *** (29.550) | | | 0.379 *** (29.612) | | |
| Lag_EGPI | | 0.384 *** (29.614) | | | 0.384 *** (29.693) | |
| Lag_EGOI | | | 0.307 *** (23.399) | | | 0.307 *** (23.386) |
| Size | 0.106 *** (7.786) | 0.102 *** (7.359) | 0.094 *** (6.565) | 0.110 *** (8.191) | 0.106 *** (7.775) | 0.097 *** (6.915) |
| Lev | -0.009 (-0.114) | 0.039 (0.512) | -0.019 (-0.241) | -0.011 (-0.146) | 0.039 (0.513) | -0.022 (-0.275) |
| ROA | -0.030 (-0.117) | -0.344 (-1.324) | 0.147 (0.547) | -0.045 (-0.175) | -0.356 (-1.368) | 0.132 (0.494) |
| Top1 | -0.005 (-0.052) | 0.010 (0.107) | -0.003 (-0.033) | -0.007 (-0.082) | 0.007 (0.076) | -0.005 (-0.056) |
| Bdind | -0.550 ** (-2.326) | -0.526 ** (-2.172) | -0.495 ** (-1.982) | -0.549 ** (-2.322) | -0.528 ** (-2.180) | -0.493 ** (-1.977) |
| Manage | 0.044 (0.207) | -0.184 (-0.847) | 0.131 (0.585) | 0.039 (0.182) | -0.185 (-0.851) | 0.125 (0.557) |
| Ocash | 0.427 ** (2.077) | 0.476 ** (2.264) | 0.351 (1.620) | 0.432 ** (2.102) | 0.482 ** (2.296) | 0.356 (1.641) |
| Growth | -0.026 (-0.962) | -0.059 ** (-2.154) | -0.005 (-0.174) | -0.026 (-0.975) | -0.060 ** (-2.185) | -0.005 (-0.182) |
| Age | 0.070 *** (2.802) | 0.050 ** (1.964) | 0.073 *** (2.770) | 0.070 *** (2.803) | 0.050 ** (1.961) | 0.073 *** (2.773) |
| SOE | 0.014 (0.456) | 0.062 ** (1.962) | -0.004 (-0.111) | 0.016 (0.504) | 0.064 ** (2.015) | -0.002 (-0.068) |
| _cons | -1.158 *** (-7.115) | -0.892 *** (-5.365) | -1.130 *** (-6.583) | -1.192 *** (-7.386) | -0.929 *** (-5.635) | -1.160 *** (-6.819) |

续表

| Variable | （1）EGI | （2）EGPI | （3）EGOI | （4）EGI | （5）EGPI | （6）EGOI |
|---|---|---|---|---|---|---|
| Year | Yes | Yes | Yes | Yes | Yes | Yes |
| Industry | Yes | Yes | Yes | Yes | Yes | Yes |
| N | 4936 | 4936 | 4936 | 4936 | 4936 | 4936 |
| adj. $R^2$ | 0.360 | 0.281 | 0.312 | 0.360 | 0.281 | 0.312 |
| F | 133.416 | 92.875 | 107.408 | 133.282 | 92.698 | 107.372 |

注：*、**、*** 分别表示在 10%、5% 和 1% 的水平上显著。括号内数值为 T 值。

## 二、工具变量两阶段回归

本章采用工具变量法解决内生性问题，这里和前面两个章节一样，选取除了本企业之外的同行业其他所有企业的环境处罚频次和环境处罚力度的行业均值（M_P_number 和 M_P_degree），分别作为本企业环境处罚频次和环境处罚力度的工具变量，这种做法其实对本章的研究问题已经不太适合，因为同行业其他企业的环境处罚情况可能对本企业的环境治理具有一般威慑效应，即在行业内的传染效应，不符合工具变量选取条件。借鉴王云等（2020）的做法，选取企业在下一期是否受到环境处罚（F_Punish）作为环境处罚频次和环境处罚力度的工具变量，因为被处罚企业会进入政府执法部门的"黑名单"受到持续关注，因此企业下一期的环境处罚与当期环境处罚情况直接相关，但下一期处罚事件还未发生，并不影响企业当期的环境治理，因而符合工具变量选取条件。回归结果如表 6-8 所示，第一阶段中本章对工具变量进行弱工具检验，根据经验原则判断，发现 F 值均大于 10，说明不是弱工具变量。第二阶段结果均与表 6-6 类似，支持前文结论。

### 表 6-8　工具变量两阶段回归

| Variable | （1）第一阶段 | （2）第一阶段 | （3）第二阶段 H6-1、H6-1a、H6-1b 检验 | （4）第二阶段 H6-1、H6-1a、H6-1b 检验 | （5）第二阶段 H6-1、H6-1a、H6-1b 检验 | （6）第二阶段 H6-2、H6-2a、H6-2b 检验 | （7）第二阶段 H6-2、H6-2a、H6-2b 检验 | （8）第二阶段 H6-2、H6-2a、H6-2b 检验 |
|---|---|---|---|---|---|---|---|---|
| | P_number | P_degree | EGI | EGPI | EGOI | EGI | EGPI | EGOI |
| F_Punish | 0.541 *** (19.720) | 0.453 *** (16.379) | | | | | | |
| P_number | | | 0.161 *** (4.212) | 0.250 *** (4.938) | 0.080 ** (2.420) | | | |

| Variable | (1) | (2) | (3) | (4) | (5) | (6) | (7) | (8) |
|---|---|---|---|---|---|---|---|---|
|  | 第一阶段 | | 第二阶段 H6-1、H6-1a、H6-1b 检验 | | | 第二阶段 H6-2、H6-2a、H6-2b 检验 | | |
|  | P_number | P_degree | EGI | EGPI | EGOI | EGI | EGPI | EGOI |
| P_degree |  |  |  |  |  | 0.192 *** | 0.297 *** | 0.096 ** |
|  |  |  |  |  |  | (4.174) | (4.862) | (2.416) |
| Lag_EGI |  |  | 0.250 *** |  |  | 0.251 *** |  |  |
|  |  |  | (23.490) |  |  | (23.457) |  |  |
| Lag_EGPI |  |  |  | 0.301 *** |  |  | 0.304 *** |  |
|  |  |  |  | (22.518) |  |  | (22.596) |  |
| Lag_EGOI |  |  |  |  | 0.168 *** |  |  | 0.168 *** |
|  |  |  |  |  | (18.027) |  |  | (17.925) |
| Size | 0.264 *** | 0.218 *** | 0.026 * | 0.008 | 0.032 ** | 0.027 * | 0.009 | 0.032 ** |
|  | (20.165) | (16.492) | (1.688) | (0.388) | (2.301) | (1.727) | (0.433) | (2.340) |
| Lev | 0.091 | 0.143 * | 0.042 | 0.078 | 0.004 | 0.029 | 0.058 | -0.003 |
|  | (1.234) | (1.914) | (0.760) | (1.073) | (0.080) | (0.519) | (0.780) | (-0.052) |
| ROA | -0.609 ** | -0.359 | -0.197 | -0.308 | -0.099 | -0.225 | -0.352 | -0.113 |
|  | (-2.354) | (-1.378) | (-1.016) | (-1.204) | (-0.583) | (-1.159) | (-1.361) | (-0.671) |
| Top1 | -0.189 ** | -0.140 | 0.114 * | 0.176 ** | 0.046 | 0.111 * | 0.171 * | 0.045 |
|  | (-2.129) | (-1.567) | (1.727) | (2.015) | (0.799) | (1.660) | (1.921) | (0.769) |
| Bdind | -0.287 | -0.282 | -0.384 ** | -0.465 ** | -0.255 * | -0.376 ** | -0.452 * | -0.251 * |
|  | (-1.231) | (-1.198) | (-2.215) | (-2.028) | (-1.677) | (-2.146) | (-1.938) | (-1.646) |
| Manage | 0.177 | 0.036 | -0.283 * | -0.389 * | -0.172 | -0.261 * | -0.354 * | -0.162 |
|  | (0.841) | (0.171) | (-1.820) | (-1.893) | (-1.262) | (-1.663) | (-1.698) | (-1.184) |
| Ocash | 0.396 ** | 0.169 | 0.246 * | 0.287 | 0.204 | 0.277 * | 0.335 * | 0.219 |
|  | (1.981) | (0.838) | (1.648) | (1.454) | (1.558) | (1.851) | (1.682) | (1.684) |
| Growth | -0.078 *** | -0.101 *** | 0.011 | 0.009 | 0.011 | 0.018 | 0.020 | 0.014 |
|  | (-2.717) | (-3.473) | (0.499) | (0.325) | (0.565) | (0.797) | (0.678) | (0.734) |
| Age | -0.039 * | -0.034 | 0.024 | 0.016 | 0.025 * | 0.025 | 0.016 | 0.025 * |
|  | (-1.829) | (-1.563) | (1.538) | (0.747) | (1.818) | (1.534) | (0.740) | (1.821) |
| SOE | 0.098 *** | 0.080 *** | 0.049 ** | 0.089 *** | 0.018 | 0.050 ** | 0.089 *** | 0.019 |
|  | (3.240) | (2.613) | (2.168) | (2.948) | (0.923) | (2.166) | (2.915) | (0.934) |
| _cons | -2.365 *** | -1.930 *** | -0.355 ** | 0.080 | -0.553 *** | -0.365 ** | 0.065 | -0.557 *** |
|  | (-15.422) | (-12.488) | (-2.318) | (0.394) | (-4.122) | (-2.382) | (0.318) | (-4.193) |
| Year | Yes | Yes | Yes | Yes | Yes | Yes | Yes | Yes |

续表

| Variable | （1） | （2） | （3） | （4） | （5） | （6） | （7） | （8） |
|---|---|---|---|---|---|---|---|---|
| | 第一阶段 | | 第二阶段 H6-1、H6-1a、H6-1b 检验 | | | 第二阶段 H6-2、H6-2a、H6-2b 检验 | | |
| | P_number | P_degree | EGI | EGPI | EGOI | EGI | EGPI | EGOI |
| Industry | Yes | Yes | Yes | Yes | Yes | Yes | Yes | Yes |
| N | 4936 | 4936 | 4936 | 4936 | 4936 | 4936 | 4936 | 4936 |
| adj. $R^2$ | 0.303 | 0.244 | 0.228 | 0.181 | 0.166 | 0.214 | 0.155 | 0.163 |
| F | 108.136 | 80.843 | 78.721 | 66.685 | 49.729 | 77.297 | 64.648 | 49.557 |

注：*、**、***分别表示在 10%、5% 和 1% 的水平上显著。括号内数值为 T 值。

## 三、基于新环保法的准自然检验

为了进一步解决内生性问题，利用 2015 年 1 月 1 日起实施的新环保法外生事件作为准自然检验，因为新环保法作为"史上最严环保法"和政府环境规制的重要法律依据，该政策的实施会增加政府的环境处罚频次和环境处罚力度，对于政府环境执法是一次外生冲击。借鉴王晓祺等（2020）的做法，将受环保法影响较大的重污染行业的企业作为实验组，将受环保法影响较小的非重污染行业的企业作为对照组，构建以下双重差分模型检验环境处罚对于目标企业环境治理的影响。

$$\begin{aligned} EGI_{i,t} / \ EGPI_{i,t} / \ EGOI_{i,t} = & \gamma_0 + \gamma_1 DID_{i,t} + \gamma_2 Treat_{i,t} + \gamma_3 Post_{i,t} + \gamma_4 Lag\_EGI_{i,t} / \\ & Lag\_EGPI_{i,t} / Lag\_EGOI_{i,t} + \gamma_5 Size_{i,t} + \gamma_6 Lev_{i,t} + \\ & \gamma_7 ROA_{i,t} + \gamma_8 Top1_{i,t} + \gamma_9 Bdind_{i,t} + \gamma_{10} Manage_{i,t} + \\ & \gamma_{11} Ocash_{i,t} + \gamma_{12} Growth_{i,t} + \gamma_{13} Age_{i,t} + \gamma_{14} SOE_{i,t} + \\ & Industry + \varepsilon \end{aligned}$$

（6-3）

在模型（6-3）中，Treat 是政策虚拟变量，即重污染企业取值 1，否则取 0；Post 是时间虚拟变量，2015 年及之后年份取 1，否则取 0；Treat 和 Post 交乘得到本章所关注的双重差分估计量（DID），也即是环境处罚的代理变量；被解释变量包括企业环境治理、环境治理过程维度和环境治理结果维度（EGI、EGPI 和 EGOI）。同时为了控制企业上一期的环境治理及其过程和结果对本期产生的影响，还加入了环境治理及其过程维度和结果维度的滞后一期指标作为控制变量（Lag_EGI、Lag_EGPI、Lag_EGOI），分别对其相应的当期指标进行回归。而由于存在 Post 变量，为避免多重共线性问题，这里不再控制年度固定效应。

回归结果如表 6-9 所示：第（1）~（3）列的被解释变量分别是 EGI、EGPI 和 EGOI，环境处罚的代理变量 DID 与 EGI、EGPI 和 EGOI 三项指标均显著正相关，表明在新环保法实施之后，环境处罚频次和环境处罚力度明显增加，环境处罚进而显著增强了企业环境治理及其过程维度和结果维度，佐证了前文结论。

表 6-9 双重差分回归

| Variable | (1)<br>EGI | (2)<br>EGPI | (3)<br>EGOI |
|---|---|---|---|
| DID | 0.266*** | 0.147*** | 0.316*** |
| | (9.911) | (5.460) | (10.971) |
| Treat | -0.009 | 0.115*** | -0.076*** |
| | (-0.330) | (4.273) | (-2.652) |
| Post | 0.120*** | 0.094*** | 0.126*** |
| | (7.246) | (5.683) | (7.150) |
| Lag_EGI | 0.413*** | | |
| | (59.543) | | |
| Lag_EGPI | | 0.399*** | |
| | | (57.435) | |
| Lag_EGOI | | | 0.335*** |
| | | | (47.005) |
| Size | 0.093*** | 0.082*** | 0.092*** |
| | (14.053) | (12.357) | (13.000) |
| Lev | -0.013 | 0.016 | -0.033 |
| | (-0.320) | (0.393) | (-0.768) |
| ROA | 0.024 | -0.128 | 0.061 |
| | (0.189) | (-0.984) | (0.436) |
| Top1 | -0.052 | -0.004 | -0.069 |
| | (-1.134) | (-0.090) | (-1.405) |
| Bdind | -0.180 | -0.286** | -0.121 |
| | (-1.526) | (-2.420) | (-0.963) |
| Manage | -0.378*** | -0.322*** | -0.392*** |
| | (-4.755) | (-4.043) | (-4.609) |
| Ocash | 0.301*** | 0.212** | 0.349*** |
| | (3.065) | (2.149) | (3.320) |

| Variable | （1）<br>EGI | （2）<br>EGPI | （3）<br>EGOI |
|---|---|---|---|
| Growth | −0.018*<br>（−1.790） | −0.023**<br>（−2.269） | −0.017<br>（−1.548） |
| Age | 0.058***<br>（5.245） | 0.038***<br>（3.428） | 0.069***<br>（5.814） |
| SOE | 0.006<br>（0.368） | 0.049***<br>（3.131） | −0.017<br>（−1.017） |
| _cons | −0.889***<br>（−10.544） | −0.674***<br>（−7.970） | −0.940***<br>（−10.420） |
| Year | Yes | Yes | Yes |
| Industry | Yes | Yes | Yes |
| N | 17179 | 17179 | 17179 |
| adj. $R^2$ | 0.328 | 0.324 | 0.230 |
| F | 247.903 | 243.152 | 151.977 |

注：**、***分别表示在5%、1%的水平上显著。括号内数值为 T 值。

## 四、Heckman 两步估计法

本书采用 Heckman 两步估计法解决样本选择偏差问题。第一阶段是对企业是否受到环境处罚进行 Probit 回归，控制了企业规模、资产负债率、总资产收益率、第一大股东持股比例、独立董事占比、代理成本、股权性质、成长性、固定资产占比（Capint，固定资产占总资产的比例）、机构股东积极主义（Inst，机构投资者持股比例）、年度虚拟变量和行业虚拟变量等因素，特别地，本书还加入了同年同行业中除本企业之外其他所有企业受到环境处罚与否的均值（M_Punish）作为控制变量，因为同行业其他企业受处罚情况也会影响到本企业的环境处罚概率。然后通过第一阶段回归计算了逆米尔斯比率 IMR，其作用是为每一个样本计算出一个用于修正样本选择偏差的值，如果 IMR 大于 0，表明确实存在样本自选择问题。最后再将 IMR 作为控制变量分别加入模型（6-1）和模型（6-2）中对企业环境治理及其过程维度和结果维度进行第二阶段 OLS 回归。

结果如表 6-10 所示：第（1）列是对第一阶段的 Probit 回归，未列出的结果显示每个样本的 IMR 指标全部大于 0，且第（2）~（7）列显示的第二阶段回归后的 IMR 系数显著，表明确实存在样本自选择问题。在控制 IMR 后，环境处罚频次和环境处罚力度仍与企业环境治理及其过程维度和结果维度显著呈正相关，所有结果均类似于表 6-6，支持前文研究结论。

表 6-10　Heckman 两步估计法回归结果

| Variable | （1）第一阶段 | （2）第二阶段 H6-1、H6-1a、H6-1b 检验 | （3） | （4） | （5）第二阶段 H6-2、H6-2a、H6-2b 检验 | （6） | （7） |
|---|---|---|---|---|---|---|---|
|  | Punish | EGI | EGPI | EGOI | EGI | EGPI | EGOI |
| P_number |  | 0.038 *** | 0.031 ** | 0.036 *** |  |  |  |
|  |  | （3.231） | （2.489） | （2.915） |  |  |  |
| P_degree |  |  |  |  | 0.044 *** | 0.031 ** | 0.046 *** |
|  |  |  |  |  | （3.850） | （2.536） | （3.859） |
| Lag_EGI |  | 0.348 *** |  |  | 0.348 *** |  |  |
|  |  | （30.669） |  |  | （30.678） |  |  |
| Lag_EGPI |  |  | 0.352 *** |  |  | 0.352 *** |  |
|  |  |  | （29.725） |  |  | （29.801） |  |
| Lag_EGOI |  |  |  | 0.284 *** |  |  | 0.283 *** |
|  |  |  |  | （24.794） |  |  | （24.745） |
| Size | 0.398 *** | −0.038 | −0.132 *** | 0.013 | −0.038 | −0.130 *** | 0.011 |
|  | （19.604） | （−1.541） | （−5.048） | （0.499） | （−1.553） | （−5.006） | （0.436） |
| Lev | 0.143 | −0.072 | −0.085 | −0.049 | −0.075 | −0.087 | −0.053 |
|  | （1.231） | （−1.095） | （−1.235） | （−0.717） | （−1.144） | （−1.255） | （−0.779） |
| ROA | 0.019 | 0.255 | 0.150 | 0.295 | 0.254 | 0.145 | 0.299 |
|  | （0.053） | （1.150） | （0.642） | （1.286） | （1.148） | （0.622） | （1.301） |
| Top1 | −0.253 * | 0.146 * | 0.283 *** | 0.048 | 0.146 * | 0.282 *** | 0.050 |
|  | （−1.786） | （1.840） | （3.377） | （0.587） | （1.848） | （3.369） | （0.605） |
| Bdind | −0.981 *** | −0.278 | −0.050 | −0.310 | −0.275 | −0.051 | −0.305 |
|  | （−2.710） | （−1.315） | （−0.225） | （−1.412） | （−1.301） | （−0.228） | （−1.388） |
| Manage | −0.557 | 0.258 | 0.358 * | 0.155 | 0.265 | 0.363 * | 0.163 |
|  | （−1.590） | （1.357） | （1.784） | （0.786） | （1.397） | （1.809） | （0.826） |
| SOE | 0.169 *** | −0.048 | −0.047 | −0.041 | −0.049 * | −0.046 | −0.042 |
|  | （3.947） | （−1.645） | （−1.513） | （−1.332） | （−1.669） | （−1.502） | （−1.381） |
| Growth | −0.057 | 0.002 | 0.008 | −0.004 | 0.004 | 0.008 | −0.003 |
|  | （−1.444） | （0.102） | （0.317） | （−0.189） | （0.163） | （0.339） | （−0.112） |
| Capint | 1.124 *** |  |  |  |  |  |  |
|  | （8.641） |  |  |  |  |  |  |

续表

| Variable | （1） | （2） | （3） | （4） | （5） | （6） | （7） |
|---|---|---|---|---|---|---|---|
| | 第一阶段 | 第二阶段 H6-1、H6-1a、H6-1b 检验 | | | 第二阶段 H6-2、H6-2a、H6-2b 检验 | | |
| | Punish | EGI | EGPI | EGOI | EGI | EGPI | EGOI |
| Inst | −0.140 | | | | | | |
| | （−1.400） | | | | | | |
| M_Punish | 0.551 *** | | | | | | |
| | （3.157） | | | | | | |
| Ocash | | 0.144 | −0.043 | 0.228 | 0.150 | −0.035 | 0.232 |
| | | （0.808） | （−0.228） | （1.237） | （0.844） | （−0.187） | （1.259） |
| Age | | 0.043 ** | 0.028 | 0.049 ** | 0.043 ** | 0.027 | 0.049 ** |
| | | （2.282） | （1.388） | （2.487） | （2.289） | （1.383） | （2.500） |
| IMR | | −0.511 *** | −0.846 *** | −0.274 *** | −0.513 *** | −0.845 *** | −0.277 *** |
| | | （−6.295） | （−9.853） | （−3.269） | （−6.321） | （−9.849） | （−3.310） |
| _cons | −4.330 *** | 0.852 *** | 2.329 *** | −0.023 | 0.853 *** | 2.311 *** | −0.006 |
| | （−17.836） | （2.675） | （6.915） | （−0.069） | （2.687） | （6.884） | （−0.019） |
| Year | Yes | Yes | Yes | Yes | Yes | Yes | Yes |
| Industry | Yes | Yes | Yes | Yes | Yes | Yes | Yes |
| N | 6016 | 6016 | 6016 | 6016 | 6016 | 6016 | 6016 |
| Pseudo $R^2$/ adj. $R^2$ | 0.179 | 0.359 | 0.285 | 0.310 | 0.359 | 0.285 | 0.311 |
| LR chi$^2$/F | 1487.34 | 147.501 | 105.610 | 118.774 | 147.769 | 105.626 | 119.154 |

注：第（1）列回归得到 Pseudo $R^2$ 和 LR chi$^2$，其余列回归得到 adj. $R^2$ 和 F 值；*、**、*** 分别表示在 10%、5% 和 1% 的水平上显著。括号内数值为 T 值。

## 五、倾向值匹配分析

由于被处罚企业和未被处罚企业的特征变量之间可能存在显著差异，本书利用倾向值匹配方法，缓解样本选择偏差带来的内生性问题。首先，选取公司层面的特征变量，包括企业规模、资产负债率、资产收益率和第一大股东持股比例，并以企业是否受到环境处罚作为被解释变量，进行 Logit 回归；其次，采用 1∶1 邻近匹配进行倾向得分匹配，得到 2468 个样本观测值。基于匹配后样本对模型（6-1）和模型（6-2）重新回归，结果如表 6-11 所示：其所有结果均类似于表 6-6，支持主回归的研究结论。

表 6-11　倾向值匹配分析

| Variable | (1) EGI | (2) EGPI | (3) EGOI | (4) EGI | (5) EGPI | (6) EGOI |
|---|---|---|---|---|---|---|
| P_number | 0.102 *** (4.806) | 0.096 *** (4.216) | 0.098 *** (4.307) | | | |
| P_degree | | | | 0.105 *** (5.243) | 0.093 *** (4.360) | 0.105 *** (4.919) |
| Lag_EGI | 0.375 *** (20.997) | | | 0.375 *** (21.060) | | |
| Lag_EGPI | | 0.365 *** (19.642) | | | 0.366 *** (19.769) | |
| Lag_EGOI | | | 0.278 *** (15.060) | | | 0.278 *** (15.054) |
| Size | 0.130 *** (6.697) | 0.110 *** (5.292) | 0.121 *** (5.830) | 0.133 *** (6.847) | 0.112 *** (5.427) | 0.124 *** (5.958) |
| Lev | −0.088 (−0.791) | 0.018 (0.151) | −0.109 (−0.919) | −0.104 (−0.935) | 0.004 (0.030) | −0.125 (−1.056) |
| ROA | −0.308 (−0.814) | −0.490 (−1.215) | −0.206 (−0.509) | −0.343 (−0.906) | −0.523 (−1.297) | −0.238 (−0.588) |
| Top1 | 0.120 (0.950) | 0.115 (0.853) | 0.107 (0.792) | 0.124 (0.983) | 0.119 (0.882) | 0.111 (0.821) |
| Bdind | −1.059 *** (−3.101) | −1.069 *** (−2.938) | −0.887 ** (−2.429) | −1.075 *** (−3.151) | −1.084 *** (−2.983) | −0.901 ** (−2.472) |
| Manage | 0.261 (0.782) | 0.199 (0.561) | 0.110 (0.309) | 0.266 (0.798) | 0.204 (0.574) | 0.116 (0.324) |
| Ocash | 0.529 * (1.785) | 0.802 ** (2.544) | 0.386 (1.217) | 0.555 * (1.878) | 0.830 *** (2.635) | 0.408 (1.292) |
| Growth | 0.011 (0.305) | −0.037 (−0.992) | 0.026 (0.689) | 0.013 (0.364) | −0.036 (−0.949) | 0.028 (0.752) |
| Age | 0.039 (1.185) | 0.004 (0.111) | 0.053 (1.516) | 0.040 (1.226) | 0.005 (0.151) | 0.054 (1.549) |
| SOE | 0.018 (0.430) | 0.134 *** (2.933) | −0.036 (−0.780) | 0.017 (0.393) | 0.133 *** (2.907) | −0.037 (−0.824) |
| _cons | −1.018 *** (−4.377) | −0.517 ** (−2.090) | −1.154 *** (−4.639) | −1.036 *** (−4.466) | −0.538 ** (−2.175) | −1.169 *** (−4.712) |
| Year | Yes | Yes | Yes | Yes | Yes | Yes |

| Variable | (1) EGI | (2) EGPI | (3) EGOI | (4) EGI | (5) EGPI | (6) EGOI |
|---|---|---|---|---|---|---|
| Industry | Yes | Yes | Yes | Yes | Yes | Yes |
| N | 2468 | 2468 | 2468 | 2468 | 2468 | 2468 |
| adj. $R^2$ | 0.365 | 0.267 | 0.307 | 0.366 | 0.268 | 0.309 |
| F | 65.498 | 41.874 | 50.759 | 65.812 | 41.951 | 51.130 |

注：*、**、*** 分别表示在 10%、5% 和 1% 的水平上显著。括号内数值为 T 值。

## 六、替换变量衡量方式

如表 6-12 所示：第（1）~（3）列是利用环境罚款金额加 1 后取自然对数（Fine_degree）来替代衡量环境处罚力度指标，并对模型（6-2）重新回归，发现对假设 H6-2、假设 H6-2a 和假设 H6-2b 的检验结果均类似于表 6-6，支持主回归研究结论。

表 6-12 中第（4）~（9）列是对解释变量和被解释变量指标同时都进行了替代性检验。解释变量中，是对环境处罚频次和环境处罚力度这两项的初始指标加 1 后取自然对数（P_number_ln 和 P_degree_ln）来代替原来的标准化处理，被解释变量中，是对企业环境治理及其过程维度和结果维度这三项评分总和加 1 后取自然对数（EGI_ln、EGPI_ln 和 EGOI_ln）来代替原来的标准化处理，然后将替换后的指标放入模型（6-1）和模型（6-2）重新回归。结果发现，对假设 H6-1、假设 H6-1a、假设 H6-1b、假设 H6-2、假设 H6-2a 和假设 H6-2b 的检验结果均类似于表 6-6，与主回归结果一致。

表 6-12　替换变量衡量方式

| Variable | (1) EGI | (2) EGPI | (3) EGOI | (4) EGI_ln | (5) EGPI_ln | (6) EGOI_ln | (7) EGI_ln | (8) EGPI_ln | (9) EGOI_ln |
|---|---|---|---|---|---|---|---|---|---|
| Fine_degree | 0.053*** (5.575) | 0.036*** (3.582) | 0.055*** (5.622) | | | | | | |
| Lag_EGI | 0.356*** (31.615) | | | | | | | | |
| Lag_EGPI | | 0.368*** (31.227) | | | | | | | |

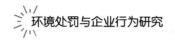

续表

| Variable | (1) | (2) | (3) | (4) | (5) | (6) | (7) | (8) | (9) |
|---|---|---|---|---|---|---|---|---|---|
| | EGI | EGPI | EGOI | EGI_ln | EGPI_ln | EGOI_ln | EGI_ln | EGPI_ln | EGOI_ln |
| Lag_EGOI | | | 0.285*** | | | | | | |
| | | | (24.985) | | | | | | |
| P_number_ln | | | | 0.120*** | 0.099*** | 0.120*** | | | |
| | | | | (5.768) | (4.958) | (5.584) | | | |
| P_degree_ln | | | | | | | 0.101*** | 0.084*** | 0.101*** |
| | | | | | | | (6.289) | (5.437) | (6.093) |
| Lag_EGI_ln | | | | 0.474*** | | | 0.474*** | | |
| | | | | (40.005) | | | (40.015) | | |
| Lag_EGPI_ln | | | | | 0.437*** | | | 0.437*** | |
| | | | | | (37.566) | | | (37.612) | |
| Lag_EGOI_ln | | | | | | 0.400*** | | | 0.399*** |
| | | | | | | (30.730) | | | (30.674) |
| Size | 0.097*** | 0.094*** | 0.083*** | 0.098*** | 0.089*** | 0.092*** | 0.099*** | 0.088*** | 0.092*** |
| | (8.538) | (7.844) | (7.120) | (6.935) | (6.491) | (6.288) | (7.008) | (6.545) | (6.358) |
| Lev | 0.009 | 0.056 | -0.010 | -0.052 | -0.025 | -0.011 | -0.055 | -0.027 | -0.013 |
| | (0.140) | (0.824) | (-0.154) | (-0.672) | (-0.339) | (-0.137) | (-0.704) | (-0.368) | (-0.167) |
| ROA | -0.015 | -0.304 | 0.156 | -0.640** | -0.656*** | -0.282 | -0.643** | -0.659*** | -0.286 |
| | (-0.071) | (-1.319) | (0.696) | (-2.425) | (-2.588) | (-1.031) | (-2.439) | (-2.598) | (-1.045) |
| Top1 | 0.023 | 0.087 | -0.021 | 0.080 | 0.131 | -0.007 | 0.081 | 0.131 | -0.006 |
| | (0.300) | (1.057) | (-0.261) | (0.850) | (1.448) | (-0.077) | (0.862) | (1.458) | (-0.066) |
| Bdind | -0.672*** | -0.694*** | -0.525** | -0.884*** | -0.824*** | -0.788*** | -0.885*** | -0.824*** | -0.788*** |
| | (-3.310) | (-3.221) | (-2.500) | (-3.585) | (-3.478) | (-3.079) | (-3.590) | (-3.479) | (-3.084) |
| Manage | -0.106 | -0.256 | -0.036 | -0.935*** | -0.754*** | -0.931*** | -0.926*** | -0.746*** | -0.923*** |
| | (-0.585) | (-1.334) | (-0.191) | (-4.256) | (-3.575) | (-4.089) | (-4.219) | (-3.540) | (-4.055) |
| Ocash | 0.385** | 0.357* | 0.357** | 0.660*** | 0.504** | 0.608*** | 0.667*** | 0.509** | 0.616*** |
| | (2.208) | (1.932) | (1.979) | (3.118) | (2.477) | (2.772) | (3.154) | (2.505) | (2.808) |
| Growth | -0.028 | -0.043* | -0.020 | -0.058** | -0.043* | -0.049* | -0.057** | -0.041 | -0.047* |
| | (-1.254) | (-1.817) | (-0.884) | (-2.166) | (-1.654) | (-1.759) | (-2.114) | (-1.606) | (-1.708) |
| Age | 0.046** | 0.032 | 0.050** | 0.034 | 0.043** | 0.015 | 0.034 | 0.043** | 0.015 |
| | (2.427) | (1.617) | (2.562) | (1.479) | (1.964) | (0.628) | (1.478) | (1.962) | (0.624) |
| SOE | 0.028 | 0.084*** | -0.002 | 0.093*** | 0.112*** | 0.049 | 0.091*** | 0.111*** | 0.048 |
| | (1.069) | (3.003) | (-0.079) | (2.893) | (3.634) | (1.484) | (2.860) | (3.602) | (1.451) |

续表

| Variable | （1）EGI | （2）EGPI | （3）EGOI | （4）EGI_ln | （5）EGPI_ln | （6）EGOI_ln | （7）EGI_ln | （8）EGPI_ln | （9）EGOI_ln |
|---|---|---|---|---|---|---|---|---|---|
| _cons | −0.946*** | −0.666*** | −0.974*** | 0.648*** | 0.568*** | 0.113 | 0.646*** | 0.567*** | 0.111 |
| | （−7.054） | （−4.680） | （−7.028） | （3.939） | （3.602） | （0.665） | （3.943） | （3.610） | （0.656） |
| Year | Yes | Yes | Yes | Yes | Yes | Yes | Yes | Yes | Yes |
| Industry | Yes | Yes | Yes | Yes | Yes | Yes | Yes | Yes | Yes |
| N | 6016 | 6016 | 6016 | 6016 | 6016 | 6016 | 6016 | 6016 | 6016 |
| adj. $R^2$ | 0.357 | 0.274 | 0.312 | 0.377 | 0.335 | 0.305 | 0.378 | 0.335 | 0.306 |
| F | 152.689 | 104.445 | 124.890 | 166.347 | 138.500 | 121.196 | 166.804 | 138.841 | 121.584 |

注：*、**、*** 分别表示在10%、5%和1%的水平上显著。括号内数值为 T 值。

## 七、其他稳健性检验

为控制政府环境处罚与企业环境治理之间在地区层面的影响因素，本书在控制变量中新增了地区固定效应，稳健性回归结果如表6-13中第（1）~（3）列所示。同时为控制企业环境治理指标潜在的组内自相关问题，又在控制地区固定效应的基础上进行了公司聚类回归，结果如表6-13中第（4）~（6）列所示。其所有结果均与表6-6结果类似，支持前文主回归结论。

表6-13　控制地区效应和公司聚类的回归

| Variable | （1）EGI | （2）EGPI | （3）EGOI | （4）EGI | （5）EGPI | （6）EGOI |
|---|---|---|---|---|---|---|
| P_number | 0.043*** | 0.036** | 0.040** | | | |
| | （2.626） | （2.209） | （2.262） | | | |
| P_degree | | | | 0.049*** | 0.036** | 0.051*** |
| | | | | （2.762） | （2.233） | （2.643） |
| Lag_EGI | 0.348*** | | | 0.347*** | | |
| | （20.258） | | | （20.238） | | |
| Lag_EGPI | | 0.350*** | | | 0.351*** | |
| | | （19.973） | | | （20.051） | |
| Lag_EGOI | | | 0.283*** | | | 0.282*** |
| | | | （14.364） | | | （14.324） |

续表

| Variable | (1) EGI | (2) EGPI | (3) EGOI | (4) EGI | (5) EGPI | (6) EGOI |
|---|---|---|---|---|---|---|
| Size | 0. 105 *** | 0. 100 *** | 0. 092 *** | 0. 106 *** | 0. 102 *** | 0. 092 *** |
| | (7. 860) | (7. 022) | (6. 863) | (8. 201) | (7. 289) | (7. 070) |
| Lev | −0. 000 | 0. 040 | −0. 016 | −0. 003 | 0. 039 | −0. 020 |
| | (−0. 004) | (0. 561) | (−0. 281) | (−0. 057) | (0. 538) | (−0. 347) |
| ROA | −0. 017 | −0. 284 | 0. 151 | −0. 018 | −0. 288 | 0. 154 |
| | (−0. 083) | (−1. 205) | (0. 748) | (−0. 087) | (−1. 226) | (0. 760) |
| Top1 | 0. 020 | 0. 082 | −0. 020 | 0. 020 | 0. 082 | −0. 019 |
| | (0. 238) | (0. 827) | (−0. 252) | (0. 245) | (0. 826) | (−0. 238) |
| Bdind | −0. 661 *** | −0. 621 *** | −0. 551 *** | −0. 660 *** | −0. 620 *** | −0. 550 *** |
| | (−3. 377) | (−2. 855) | (−2. 665) | (−3. 375) | (−2. 846) | (−2. 667) |
| Manage | −0. 171 | −0. 442 ** | −0. 020 | −0. 165 | −0. 435 ** | −0. 016 |
| | (−1. 009) | (−2. 356) | (−0. 122) | (−0. 973) | (−2. 325) | (−0. 095) |
| Ocash | 0. 352 ** | 0. 326 * | 0. 330 ** | 0. 360 ** | 0. 334 * | 0. 336 ** |
| | (2. 198) | (1. 830) | (1. 999) | (2. 238) | (1. 870) | (2. 028) |
| Growth | −0. 028 | −0. 046 ** | −0. 019 | −0. 027 | −0. 045 ** | −0. 018 |
| | (−1. 217) | (−2. 161) | (−0. 745) | (−1. 163) | (−2. 125) | (−0. 685) |
| Age | 0. 035 * | 0. 018 | 0. 043 ** | 0. 035 * | 0. 018 | 0. 043 ** |
| | (1. 852) | (0. 866) | (2. 224) | (1. 837) | (0. 855) | (2. 210) |
| SOE | 0. 039 | 0. 088 *** | 0. 012 | 0. 039 | 0. 089 *** | 0. 011 |
| | (1. 294) | (2. 602) | (0. 398) | (1. 287) | (2. 612) | (0. 377) |
| _cons | −1. 034 *** | −0. 757 *** | −1. 060 *** | −1. 041 *** | −0. 775 *** | −1. 056 *** |
| | (−7. 086) | (−4. 699) | (−7. 037) | (−7. 243) | (−4. 857) | (−7. 040) |
| Year | Yes | Yes | Yes | Yes | Yes | Yes |
| Industry | Yes | Yes | Yes | Yes | Yes | Yes |
| Province | Yes | Yes | Yes | Yes | Yes | Yes |
| N | 6016 | 6016 | 6016 | 6016 | 6016 | 6016 |
| adj. $R^2$ | 0. 358 | 0. 281 | 0. 311 | 0. 358 | 0. 281 | 0. 312 |
| F | 33. 026 | 30. 854 | 18. 154 | 32. 889 | 31. 035 | 18. 147 |

注：*、**、*** 分别表示在 10%、5% 和 1% 的水平上显著。括号内数值为 T 值。

# 第六节　异质性分析

## 一、融资约束程度

企业进行环境治理需要一定程度的资金支持，而环境处罚会导致企业面临较多直接和间接的经济利益流出，在这种情况下，只有融资约束程度较低的企业才有足够能力和资金进行研发创新以及工艺流程升级活动，以此符合更高的环境规制标准要求（何砚和陆文香，2019），而融资约束程度较高的企业较难获取资金进行环境治理。所以本书认为，相比融资约束程度较高的企业，环境处罚频次和环境处罚力度更能显著促进融资约束程度较低的企业进行环境治理。

借鉴魏志华等（2014）的做法，构建 KZ 指数衡量企业融资约束程度，KZ指数越大，表明融资约束程度越高，接着根据 KZ 指数的中位数将样本分为融资约束低组和融资约束高组。表 6-14 是以环境处罚频次为解释变量，并根据融资约束程度进行的分组回归，结果显示：环境处罚频次对企业环境治理及其过程维度和结果维度的促进作用仅在融资约束程度较低组显著，而在融资约束程度较高组并不显著，结果与预期相符，表明环境处罚频次对融资约束程度较低企业的环境治理具有更强的威慑效应。表 6-15 是以环境处罚力度为解释变量，并根据产权性质进行的分组回归，结果显示：环境处罚力度对企业环境治理及其过程维度和结果维度的促进作用仅在融资约束程度较低组显著，而在融资约束程度较高组并不显著，结果与预期相符，表明环境处罚力度对融资约束程度较低企业的环境治理具有更强的威慑效应。

表 6-14　环境处罚频次、融资约束程度与企业环境治理

| Variable | (1) | (2) | (3) | (4) | (5) | (6) |
|---|---|---|---|---|---|---|
| | 融资约束程度低 | | | 融资约束程度高 | | |
| | EGI | EGPI | EGOI | EGI | EGPI | EGOI |
| P_number | 0.099 *** | 0.056 ** | 0.102 *** | −0.004 | 0.010 | −0.012 |
| | (4.333) | (2.441) | (4.220) | (−0.295) | (0.572) | (−0.762) |
| Lag_EGI | 0.375 *** | | | 0.345 *** | | |
| | (21.862) | | | (21.500) | | |

续表

| Variable | (1) | (2) | (3) | (4) | (5) | (6) |
|---|---|---|---|---|---|---|
| | 融资约束程度低 | | | 融资约束程度高 | | |
| | EGI | EGPI | EGOI | EGI | EGPI | EGOI |
| Lag_EGPI | | 0. 382 *** | | | 0. 356 *** | |
| | | (21. 654) | | | (20. 863) | |
| Lag_EGOI | | | 0. 300 *** | | | 0. 272 *** |
| | | | (17. 650) | | | (16. 580) |
| Size | 0. 087 *** | 0. 075 *** | 0. 080 *** | 0. 120 *** | 0. 112 *** | 0. 108 *** |
| | (4. 442) | (3. 863) | (3. 864) | (7. 084) | (5. 967) | (6. 283) |
| Lev | 0. 184 | 0. 217 | 0. 151 | −0. 054 | 0. 003 | −0. 073 |
| | (1. 372) | (1. 623) | (1. 061) | (−0. 516) | (0. 022) | (−0. 693) |
| ROA | −0. 130 | −0. 446 | 0. 097 | 0. 061 | −0. 212 | 0. 242 |
| | (−0. 336) | (−1. 159) | (0. 238) | (0. 184) | (−0. 573) | (0. 714) |
| Top1 | 0. 007 | 0. 075 | −0. 053 | 0. 034 | 0. 115 | −0. 007 |
| | (0. 060) | (0. 655) | (−0. 435) | (0. 304) | (0. 914) | (−0. 057) |
| Bdind | −1. 007 *** | −1. 084 *** | −0. 820 ** | −0. 333 | −0. 289 | −0. 248 |
| | (−3. 293) | (−3. 565) | (−2. 537) | (−1. 122) | (−0. 874) | (−0. 819) |
| Manage | −0. 233 | −0. 124 | −0. 320 | −0. 095 | −0. 304 | 0. 056 |
| | (−0. 698) | (−0. 374) | (−0. 906) | (−0. 339) | (−0. 973) | (0. 195) |
| Ocash | 0. 486 | 0. 515 | 0. 384 | 0. 269 | 0. 288 | 0. 249 |
| | (1. 516) | (1. 615) | (1. 133) | (0. 989) | (0. 955) | (0. 896) |
| Growth | −0. 047 | −0. 033 | −0. 059 * | −0. 017 | −0. 070 | 0. 021 |
| | (−1. 414) | (−1. 013) | (−1. 696) | (−0. 442) | (−1. 611) | (0. 531) |
| Age | 0. 030 | 0. 032 | 0. 028 | 0. 059 * | 0. 028 | 0. 074 ** |
| | (1. 119) | (1. 195) | (1. 009) | (1. 931) | (0. 823) | (2. 392) |
| SOE | −0. 018 | 0. 027 | −0. 029 | 0. 064 * | 0. 116 *** | 0. 029 |
| | (−0. 443) | (0. 662) | (−0. 668) | (1. 693) | (2. 779) | (0. 771) |
| _cons | −0. 733 *** | −0. 472 ** | −0. 752 *** | −1. 224 *** | −0. 851 *** | −1. 311 *** |
| | (−3. 488) | (−2. 262) | (−3. 389) | (−5. 912) | (−3. 703) | (−6. 217) |
| Year | Yes | Yes | Yes | Yes | Yes | Yes |
| Industry | Yes | Yes | Yes | Yes | Yes | Yes |
| N | 2817 | 2817 | 2817 | 2817 | 2817 | 2817 |
| adj. $R^2$ | 0. 377 | 0. 281 | 0. 333 | 0. 333 | 0. 260 | 0. 286 |
| F | 78. 618 | 50. 976 | 64. 971 | 64. 973 | 46. 040 | 52. 276 |

注：* 、** 、*** 分别表示在10%、5%和1%的水平上显著。括号内数值为 T 值。

表 6-15 环境处罚力度、融资约束程度与企业环境治理

| Variable | （1） | （2） | （3） | （4） | （5） | （6） |
|---|---|---|---|---|---|---|
| | 融资约束程度低 | | | 融资约束程度高 | | |
| | EGI | EGPI | EGOI | EGI | EGPI | EGOI |
| P_degree | 0. 108 *** | 0. 062 *** | 0. 115 *** | 0. 006 | 0. 009 | 0. 005 |
| | （4. 776） | （2. 756） | （4. 845） | （0. 444） | （0. 553） | （0. 348） |
| Lag_EGI | 0. 376 *** | | | 0. 345 *** | | |
| | （21. 957） | | | （21. 488） | | |
| Lag_EGPI | | 0. 383 *** | | | 0. 357 *** | |
| | | （21. 746） | | | （20. 873） | |
| Lag_EGOI | | | 0. 300 *** | | | 0. 272 *** |
| | | | （17. 656） | | | （16. 573） |
| Size | 0. 088 *** | 0. 076 *** | 0. 081 *** | 0. 116 *** | 0. 113 *** | 0. 101 *** |
| | （4. 595） | （3. 948） | （3. 965） | （7. 026） | （6. 176） | （6. 050） |
| Lev | 0. 179 | 0. 214 | 0. 147 | −0. 055 | 0. 001 | −0. 075 |
| | （1. 335） | （1. 604） | （1. 034） | （−0. 532） | （0. 012） | （−0. 711） |
| ROA | −0. 156 | −0. 459 | 0. 076 | 0. 067 | −0. 212 | 0. 251 |
| | （−0. 405） | （−1. 194） | （0. 186） | （0. 201） | （−0. 573） | （0. 738） |
| Top1 | 0. 004 | 0. 073 | −0. 057 | 0. 039 | 0. 115 | −0. 000 |
| | （0. 031） | （0. 637） | （−0. 469） | （0. 341） | （0. 912） | （−0. 001） |
| Bdind | −1. 015 *** | −1. 089 *** | −0. 829 ** | −0. 327 | −0. 288 | −0. 240 |
| | （−3. 320） | （−3. 580） | （−2. 565） | （−1. 102） | （−0. 871） | （−0. 790） |
| Manage | −0. 221 | −0. 117 | −0. 307 | −0. 098 | −0. 300 | 0. 049 |
| | （−0. 662） | （−0. 351） | （−0. 869） | （−0. 351） | （−0. 959） | （0. 171） |
| Ocash | 0. 504 | 0. 523 | 0. 397 | 0. 267 | 0. 292 | 0. 244 |
| | （1. 575） | （1. 643） | （1. 176） | （0. 982） | （0. 968） | （0. 879） |
| Growth | −0. 044 | −0. 032 | −0. 056 | −0. 016 | −0. 069 | 0. 022 |
| | （−1. 335） | （−0. 964） | （−1. 611） | （−0. 418） | （−1. 601） | （0. 562） |
| Age | 0. 030 | 0. 032 | 0. 029 | 0. 059 * | 0. 028 | 0. 075 ** |
| | （1. 138） | （1. 206） | （1. 032） | （1. 946） | （0. 819） | （2. 416） |
| SOE | −0. 019 | 0. 026 | −0. 031 | 0. 062 * | 0. 116 *** | 0. 027 |
| | （−0. 467） | （0. 643） | （−0. 705） | （1. 662） | （2. 788） | （0. 718） |
| _cons | −0. 750 *** | −0. 478 ** | −0. 762 *** | −1. 190 *** | −0. 860 *** | −1. 254 *** |
| | （−3. 603） | （−2. 314） | （−3. 466） | （−5. 825） | （−3. 789） | （−6. 029） |
| Year | Yes | Yes | Yes | Yes | Yes | Yes |

续表

| Variable | （1） | （2） | （3） | （4） | （5） | （6） |
|---|---|---|---|---|---|---|
| | 融资约束程度低 | | | 融资约束程度高 | | |
| | EGI | EGPI | EGOI | EGI | EGPI | EGOI |
| Industry | Yes | Yes | Yes | Yes | Yes | Yes |
| N | 2817 | 2817 | 2817 | 2817 | 2817 | 2817 |
| adj. $R^2$ | 0.378 | 0.281 | 0.335 | 0.333 | 0.260 | 0.286 |
| F | 78.913 | 51.081 | 65.357 | 64.980 | 46.039 | 52.247 |

注：*、**、***分别表示在10%、5%和1%的水平上显著。括号内数值为T值。

## 二、行业竞争程度

在不同竞争程度的行业中，企业环境处罚事件对企业业绩和经营风险的影响也可能不同。如果行业竞争程度较低，那么企业由于具有较强的竞争优势和主导地位，环境处罚事件对企业利润和经营风险的损害较小，对其环境治理的特殊威慑效应相对较小。而如果行业竞争程度较高，企业具有较少的价格优势和谈判能力（王云等，2020），由于消费者越来越倾向购买绿色产品，这会导致受环境处罚的企业在产品竞争中的市场份额缩减，利润空间被挤占，这会为企业环境治理提供较强的负向激励作用。总之，本书预期企业所处的行业竞争程度越高，环境处罚对企业环境治理的特殊威慑效应会越大。

本书采用广泛应用的赫芬达尔指数（HHI）来衡量行业竞争程度，HHI的界定是行业内最大的前四家公司的主营业务收入与行业主营业务收入合计的比值的平方累加，其数值越大，表示行业竞争程度越低。根据行业竞争程度（HHI）的中位数将样本分为行业竞争程度较低组和行业竞争程度较高组。表6-16是以环境处罚频次为解释变量并进行的分组回归，结果显示：环境处罚频次对企业环境治理及其过程维度和结果维度的促进作用仅在行业竞争程度较高的企业组显著，而在行业竞争程度较低的企业组并不显著，结果与预期相符，表明环境处罚频次对行业竞争程度较高企业的环境治理具有更强的威慑效应。表6-17是以环境处罚力度为解释变量并进行的分组回归，结果显示：环境处罚力度对企业环境治理及其过程维度和结果维度的促进作用仅在行业竞争程度较高的企业组显著，而在行业竞争程度较低的企业组并不显著，结果与预期相符，表明环境处罚力度对行业竞争程度较高企业的环境治理具有更强的威慑效应。

表 6-16　环境处罚频次、行业竞争程度与企业环境治理

| Variable | （1） | （2） | （3） | （4） | （5） | （6） |
|---|---|---|---|---|---|---|
| | 行业竞争程度较高 | | | 行业竞争程度较低 | | |
| | EGI | EGPI | EGOI | EGI | EGPI | EGOI |
| P_number | 0.068 *** | 0.052 *** | 0.078 *** | 0.017 | 0.010 | 0.008 |
| | （3.483） | （2.696） | （3.731） | （1.140） | （0.582） | （0.555） |
| Lag_EGI | 0.406 *** | | | 0.306 *** | | |
| | （24.157） | | | （20.643） | | |
| Lag_EGPI | | 0.415 *** | | | 0.318 *** | |
| | | （25.011） | | | （19.002） | |
| Lag_EGOI | | | 0.319 *** | | | 0.253 *** |
| | | | （18.100） | | | （17.837） |
| Size | 0.125 *** | 0.104 *** | 0.118 *** | 0.079 *** | 0.091 *** | 0.060 *** |
| | （6.875） | （5.784） | （6.096） | （5.259） | （5.274） | （4.063） |
| Lev | 0.061 | 0.102 | 0.035 | −0.027 | 0.017 | −0.036 |
| | （0.627） | （1.042） | （0.332） | （−0.322） | （0.177） | （−0.446） |
| ROA | −0.001 | −0.357 | 0.240 | −0.055 | −0.240 | 0.043 |
| | （−0.002） | （−1.083） | （0.676） | （−0.194） | （−0.742） | （0.157） |
| Top1 | −0.043 | −0.058 | −0.030 | 0.122 | 0.248 ** | 0.026 |
| | （−0.360） | （−0.485） | （−0.237） | （1.232） | （2.189） | （0.266） |
| Bdind | −0.447 | −0.319 | −0.567 * | −0.871 *** | −1.049 *** | −0.467 * |
| | （−1.461） | （−1.048） | （−1.725） | （−3.285） | （−3.452） | （−1.803） |
| Manage | −0.077 | −0.226 | 0.048 | −0.155 | −0.308 | −0.104 |
| | （−0.273） | （−0.804） | （0.159） | （−0.679） | （−1.178） | （−0.469） |
| Ocash | 0.516 * | 0.717 *** | 0.316 | 0.312 | 0.016 | 0.464 ** |
| | （1.920） | （2.678） | （1.095） | （1.399） | （0.064） | （2.130） |
| Growth | −0.047 | −0.064 * | −0.029 | −0.011 | −0.015 | −0.016 |
| | （−1.384） | （−1.898） | （−0.802） | （−0.402） | （−0.475） | （−0.566） |
| Age | 0.031 | −0.006 | 0.055 * | 0.051 ** | 0.074 *** | 0.029 |
| | （1.066） | （−0.204） | （1.775） | （2.085） | （2.629） | （1.204） |
| SOE | 0.030 | 0.095 ** | −0.009 | 0.059 * | 0.091 ** | 0.039 |
| | （0.745） | （2.367） | （−0.202） | （1.710） | （2.324） | （1.169） |
| _cons | −2.159 *** | −2.057 *** | −1.569 ** | −0.696 *** | −0.558 *** | −0.712 *** |
| | （−3.327） | （−3.182） | （−2.249） | （−3.986） | （−2.795） | （−4.188） |
| Year | Yes | Yes | Yes | Yes | Yes | Yes |

续表

| Variable | （1） | （2） | （3） | （4） | （5） | （6） |
|---|---|---|---|---|---|---|
| | 行业竞争程度较高 | | | 行业竞争程度较低 | | |
| | EGI | EGPI | EGOI | EGI | EGPI | EGOI |
| Industry | Yes | Yes | Yes | Yes | Yes | Yes |
| N | 3010 | 3010 | 3010 | 3006 | 3006 | 3006 |
| adj. $R^2$ | 0.376 | 0.302 | 0.317 | 0.326 | 0.252 | 0.298 |
| F | 83.451 | 60.067 | 64.382 | 67.193 | 46.926 | 59.036 |

注：*、**、***分别表示在10%、5%和1%的水平上显著。括号内数值为T值。

表6-17　环境处罚力度、行业竞争程度与企业环境治理

| Variable | （1） | （2） | （3） | （4） | （5） | （6） |
|---|---|---|---|---|---|---|
| | 行业竞争程度较高 | | | 行业竞争程度较低 | | |
| | EGI | EGPI | EGOI | EGI | EGPI | EGOI |
| P_degree | 0.085*** | 0.055*** | 0.096*** | 0.009 | 0.005 | 0.005 |
| | (4.716) | (3.051) | (4.964) | (0.629) | (0.307) | (0.373) |
| Lag_EGI | 0.406*** | | | 0.307*** | | |
| | (24.193) | | | (20.676) | | |
| Lag_EGPI | | 0.415*** | | | 0.318*** | |
| | | (25.065) | | | (19.041) | |
| Lag_EGOI | | | 0.319*** | | | 0.253*** |
| | | | (18.128) | | | (17.826) |
| Size | 0.123*** | 0.106*** | 0.117*** | 0.083*** | 0.093*** | 0.061*** |
| | (6.928) | (5.961) | (6.155) | (5.596) | (5.501) | (4.243) |
| Lev | 0.053 | 0.099 | 0.026 | -0.028 | 0.016 | -0.036 |
| | (0.547) | (1.017) | (0.251) | (-0.334) | (0.171) | (-0.451) |
| ROA | -0.001 | -0.365 | 0.239 | -0.062 | -0.244 | 0.041 |
| | (-0.004) | (-1.107) | (0.672) | (-0.218) | (-0.754) | (0.147) |
| Top1 | -0.031 | -0.052 | -0.017 | 0.120 | 0.247** | 0.025 |
| | (-0.257) | (-0.434) | (-0.130) | (1.218) | (2.182) | (0.259) |
| Bdind | -0.443 | -0.319 | -0.563* | -0.874*** | -1.050*** | -0.468* |
| | (-1.450) | (-1.049) | (-1.715) | (-3.295) | (-3.458) | (-1.807) |
| Manage | -0.063 | -0.220 | 0.064 | -0.148 | -0.304 | -0.102 |
| | (-0.224) | (-0.783) | (0.210) | (-0.647) | (-1.161) | (-0.456) |

续表

| Variable | (1) | (2) | (3) | (4) | (5) | (6) |
|---|---|---|---|---|---|---|
| | 行业竞争程度较高 | | | 行业竞争程度较低 | | |
| | EGI | EGPI | EGOI | EGI | EGPI | EGOI |
| Ocash | 0.511* | 0.721*** | 0.312 | 0.317 | 0.019 | 0.466** |
| | (1.907) | (2.695) | (1.082) | (1.421) | (0.076) | (2.142) |
| Growth | -0.044 | -0.063* | -0.026 | -0.012 | -0.016 | -0.016 |
| | (-1.300) | (-1.863) | (-0.715) | (-0.407) | (-0.477) | (-0.567) |
| Age | 0.031 | -0.006 | 0.055* | 0.051** | 0.074*** | 0.029 |
| | (1.073) | (-0.210) | (1.782) | (2.079) | (2.625) | (1.203) |
| SOE | 0.028 | 0.094** | -0.011 | 0.060* | 0.092** | 0.040 |
| | (0.699) | (2.361) | (-0.250) | (1.740) | (2.340) | (1.182) |
| _cons | -2.232*** | -2.112*** | -1.653** | -0.724*** | -0.575*** | -0.723*** |
| | (-3.446) | (-3.270) | (-2.374) | (-4.195) | (-2.913) | (-4.302) |
| Year | Yes | Yes | Yes | Yes | Yes | Yes |
| Industry | Yes | Yes | Yes | Yes | Yes | Yes |
| N | 3010 | 3010 | 3010 | 3006 | 3006 | 3006 |
| adj. $R^2$ | 0.378 | 0.302 | 0.319 | 0.326 | 0.252 | 0.298 |
| F | 84.191 | 60.200 | 65.097 | 67.131 | 46.911 | 59.025 |

注：*、**、***分别表示在10%、5%和1%的水平上显著。括号内数值为 T 值。

## 三、地区环境污染程度

如果企业所在地区的环境污染程度较大，公众和环保部门对企业环境违规行为的容忍度可能更小，为加强污染治理，政府对企业环境违规的处罚概率和处罚力度就会更大。在这种情况下，环境违法企业的环境风险也会随着环境监管的加强而增加（方颖和郭俊杰，2018），企业还会面临更高的违规成本和业绩损失，为了减少环境处罚引发的诸多负面影响，企业有动力进行环境治理。因此本书认为，相比环境污染程度较低的地区，环境处罚频次和环境处罚力度对环境污染程度较高地区企业的环境治理具有更强的威慑效应。

本书借鉴范子英和赵仁杰（2019）的做法，利用《中国环境统计年鉴》披露的地区二氧化硫排放量来反映地区环境污染程度，接着又根据地区二氧化硫排放量的中位数将样本分为地区环境污染程度低组和地区环境污染程度高组。表6-18是以环境处罚频次为解释变量，并根据地区环境污染程度进行的分组回归，结果显示：环境处罚频次对企业环境治理及其过程维度和结果维度的促进作用仅在地区环境污染程度较高的企业组显著，而在地区环境污染程度较低的企业组并不显著，结果与预期相符，表明环境处罚频次对地区环境污染程度较高企业的环境治理具有更强的威慑效应。表6-19是以环境处罚力度为解释变量，并根据地区环境污染程度进行的分组回归，结果显示：环境处罚力度对企业环境治理及其过程维度和结果维度的促进作用仅在地区环境污染程度较高的企业组显著，而在地区环境污染程度较低的企业组并不显著，结果与预期相符，表明环境处罚力度对地区环境污染程度较高企业的环境治理具有更强的威慑效应。

表6-18　环境处罚频次、地区环境污染程度与企业环境治理

| Variable | (1) | (2) | (3) | (4) | (5) | (6) |
| --- | --- | --- | --- | --- | --- | --- |
| | 地区环境污染程度低 | | | 地区环境污染程度高 | | |
| | EGI | EGPI | EGOI | EGI | EGPI | EGOI |
| P_number | 0.007 | 0.007 | 0.009 | 0.061 *** | 0.040 ** | 0.059 *** |
| | (0.438) | (0.408) | (0.498) | (3.554) | (2.158) | (3.430) |
| Lag_EGI | 0.393 *** | | | 0.309 *** | | |
| | (25.944) | | | (18.223) | | |
| Lag_EGPI | | 0.392 *** | | | 0.334 *** | |
| | | (24.878) | | | (18.666) | |
| Lag_EGOI | | | 0.319 *** | | | 0.239 *** |
| | | | (20.695) | | | (14.080) |
| Size | 0.100 *** | 0.084 *** | 0.092 *** | 0.115 *** | 0.125 *** | 0.092 *** |
| | (6.157) | (4.994) | (5.411) | (6.618) | (6.568) | (5.326) |
| Lev | 0.014 | 0.037 | 0.009 | 0.018 | 0.073 | -0.007 |
| | (0.164) | (0.407) | (0.096) | (0.186) | (0.696) | (-0.074) |
| ROA | 0.392 | 0.067 | 0.457 | -0.528 | -0.776 ** | -0.240 |
| | (1.319) | (0.218) | (1.456) | (-1.629) | (-2.191) | (-0.737) |
| Top1 | -0.045 | 0.060 | -0.116 | 0.159 | 0.190 | 0.132 |
| | (-0.428) | (0.546) | (-1.041) | (1.367) | (1.491) | (1.127) |
| Bdind | -0.772 *** | -0.809 *** | -0.623 ** | -0.408 | -0.500 | -0.251 |
| | (-2.798) | (-2.830) | (-2.138) | (-1.341) | (-1.504) | (-0.821) |
| Manage | -0.126 | -0.203 | -0.149 | 0.097 | -0.128 | 0.234 |
| | (-0.500) | (-0.779) | (-0.562) | (0.363) | (-0.438) | (0.871) |
| Ocash | 0.208 | 0.117 | 0.301 | 0.525 ** | 0.573 ** | 0.374 |
| | (0.864) | (0.470) | (1.183) | (2.072) | (2.070) | (1.466) |

续表

| Variable | （1） | （2） | （3） | （4） | （5） | （6） |
|---|---|---|---|---|---|---|
| | 地区环境污染程度低 | | | 地区环境污染程度高 | | |
| | EGI | EGPI | EGOI | EGI | EGPI | EGOI |
| Growth | −0.033 | −0.049 | −0.022 | −0.024 | −0.037 | −0.022 |
| | （−1.129） | （−1.597） | （−0.711） | （−0.719） | （−1.009） | （−0.640） |
| Age | 0.077*** | 0.055** | 0.085*** | −0.010 | −0.004 | −0.014 |
| | （3.041） | （2.116） | （3.188） | （−0.333） | （−0.141） | （−0.467） |
| SOE | 0.040 | 0.090** | 0.010 | 0.041 | 0.092** | 0.013 |
| | （1.088） | （2.327） | （0.260） | （1.070） | （2.197） | （0.331） |
| _cons | −0.929*** | −0.507*** | −1.026*** | −1.183*** | −1.030*** | −1.114*** |
| | （−5.024） | （−2.649） | （−5.247） | （−5.729） | （−4.570） | （−5.391） |
| Year | Yes | Yes | Yes | Yes | Yes | Yes |
| Industry | Yes | Yes | Yes | Yes | Yes | Yes |
| N | 3351 | 3351 | 3351 | 2665 | 2665 | 2665 |
| adj. $R^2$ | 0.364 | 0.275 | 0.316 | 0.348 | 0.276 | 0.303 |
| F | 88.119 | 58.628 | 71.470 | 65.520 | 47.132 | 53.556 |

注：**、***分别表示在5%、1%的水平上显著。括号内数值为T值。

**表6-19　环境处罚力度、地区环境污染程度与企业环境治理**

| Variable | （1） | （2） | （3） | （4） | （5） | （6） |
|---|---|---|---|---|---|---|
| | 地区环境污染程度低 | | | 地区环境污染程度高 | | |
| | EGI | EGPI | EGOI | EGI | EGPI | EGOI |
| P_degree | 0.012 | −0.002 | 0.021 | 0.076*** | 0.058*** | 0.072*** |
| | （0.752） | （−0.149） | （1.257） | （4.415） | （3.102） | （4.192） |
| Lag_EGI | 0.393*** | | | 0.307*** | | |
| | （25.965） | | | （18.138） | | |
| Lag_EGPI | | 0.393*** | | | 0.333*** | |
| | | （24.945） | | | （18.631） | |
| Lag_EGOI | | | 0.319*** | | | 0.237*** |
| | | | （20.689） | | | （13.980） |
| Size | 0.098*** | 0.087*** | 0.089*** | 0.116*** | 0.124*** | 0.093*** |
| | （6.265） | （5.363） | （5.354） | （6.754） | （6.597） | （5.453） |
| Lev | 0.014 | 0.036 | 0.009 | 0.006 | 0.063 | −0.018 |
| | （0.162） | （0.403） | （0.095） | （0.067） | （0.594） | （−0.184） |

| Variable | (1) | (2) | (3) | (4) | (5) | (6) |
|---|---|---|---|---|---|---|
| | 地区环境污染程度低 | | | 地区环境污染程度高 | | |
| | EGI | EGPI | EGOI | EGI | EGPI | EGOI |
| ROA | 0.392 | 0.063 | 0.460 | −0.523 | −0.767 ** | −0.236 |
| | (1.322) | (0.204) | (1.468) | (−1.616) | (−2.166) | (−0.725) |
| Top1 | −0.043 | 0.055 | −0.111 | 0.158 | 0.187 | 0.130 |
| | (−0.411) | (0.503) | (−0.995) | (1.357) | (1.471) | (1.117) |
| Bdind | −0.769 *** | −0.811 *** | −0.617 ** | −0.425 | −0.510 | −0.268 |
| | (−2.786) | (−2.835) | (−2.117) | (−1.401) | (−1.535) | (−0.878) |
| Manage | −0.124 | −0.202 | −0.147 | 0.098 | −0.126 | 0.235 |
| | (−0.493) | (−0.773) | (−0.553) | (0.370) | (−0.434) | (0.877) |
| Ocash | 0.207 | 0.124 | 0.296 | 0.543 ** | 0.585 ** | 0.391 |
| | (0.859) | (0.496) | (1.163) | (2.148) | (2.115) | (1.539) |
| Growth | −0.033 | −0.050 | −0.021 | −0.022 | −0.035 | −0.019 |
| | (−1.108) | (−1.626) | (−0.665) | (−0.647) | (−0.944) | (−0.573) |
| Age | 0.077 *** | 0.054 ** | 0.086 *** | −0.008 | −0.003 | −0.012 |
| | (3.054) | (2.081) | (3.224) | (−0.281) | (−0.110) | (−0.420) |
| SOE | 0.040 | 0.092 ** | 0.008 | 0.039 | 0.090 ** | 0.010 |
| | (1.073) | (2.393) | (0.202) | (1.011) | (2.151) | (0.271) |
| _cons | −0.921 *** | −0.536 *** | −0.999 *** | −1.183 *** | −1.014 *** | −1.116 *** |
| | (−5.064) | (−2.843) | (−5.197) | (−5.775) | (−4.533) | (−5.442) |
| Year | Yes | Yes | Yes | Yes | Yes | Yes |
| Industry | Yes | Yes | Yes | Yes | Yes | Yes |
| N | 3351 | 3351 | 3351 | 2665 | 2665 | 2665 |
| adj. R² | 0.364 | 0.275 | 0.317 | 0.349 | 0.277 | 0.304 |
| F | 88.146 | 58.619 | 71.559 | 65.999 | 47.446 | 53.936 |

注：** 、*** 分别表示在5%、1%的水平上显著。括号内数值为 T 值。

# 第七节　进一步对企业绿色创新产出的分析

根据前文分析，环境处罚会威慑目标企业进行环境治理，改善环境治理过程和治理结果，那么企业在进行环境治理之后，由于增加了环境治理过程中的环保投入，包括环保研发投入和生产工艺的流程改进投入等多方面，可能导致企业绿色创新产出有所提高。因此，接下来检验环境处罚之后的企业环境治理对于绿色创新产出的影响，在前文6016个公司年度观测值的样本基础上，合并了企业绿色专利的数据，得到6000个公司年度观测值，并构建模型（6-4）进行 OLS 回归。需要说明的是，由于绿色创新专利的产出需要耗费一定时间，即企业环境治理对绿色创新产出的影响具有滞后性，所以在模型构建中，对解释变量进行了滞后一期处理：

$$G\_Patent_{i,t} / G\_I\_Patent_{i,t} / G\_N\_Patent_{i,t} = \lambda_0 + \lambda_1 Lag\_EGI_{i,t} / \ Lag\_EGPI_{i,t} /$$
$$Lag\_EGOI_{i,t} + \lambda_2 Size_{i,t} + \lambda_3 Lev_{i,t} +$$
$$\lambda_4 ROA_{i,t} + \lambda_5 Top1_{i,t} + \lambda_6 Bdind_{i,t} +$$
$$\lambda_7 Manage_{i,t} + \lambda_8 Ocash_{i,t} + \lambda_9 Growth_{i,t} +$$
$$\lambda_{10} Age_{i,t} + \lambda_{11} SOE_{i,t} + Year + Industry + \varepsilon$$

$$(6-4)$$

在模型（6-4）中，被解释变量为企业绿色创新产出，分别包括三项指标：绿色专利总数量加 1 后取自然对数（G_Patent）、绿色发明专利数量加 1 后取自然对数（G_I_Patent）和绿色新型专利数量加 1 后取自然对数（G_N_Patent）。解释变量也分别包括三项指标：滞后一期的企业环境治理（Lag_EGI）、滞后一期的企业环境治理过程维度（Lag_EGPI）和滞后一期的企业环境治理结果维度（Lag_EGOI）。其他控制变量与前文模型（6-1）和模型（6-2）中的变量一致。

表6-20 是检验企业环境治理对绿色创新总产出的影响，第（1）~（3）列中的被解释变量为企业绿色专利总产出（G_Patent），解释变量分别为企业环境治理及其过程维度和结果维度（Lag_EGI、Lag_EGPI 和 Lag_EGOI），回归结果发现，滞后一期的企业环境治理及其过程维度和结果维度均与绿色专利总产出在 1%水平显著呈正相关，表明环境处罚之后企业环境治理对于绿色创新产出具有显著的促进作用，其中，企业环境治理的过程维度和结果维度都对这种促进作用有正向影响。

表 6-21 中第（1）~（3）列是检验企业环境治理对绿色发明创新产出的影响。其中的被解释变量为绿色发明专利产出（G_I_Patent），解释变量分别为企业环境治理及其过程维度和结果维度（Lag_EGI、Lag_EGPI 和 Lag_EGOI）。回归结果发现，滞后一期的企业环境治理及其过程维度和结果维度均与绿色发明专利产出在 1%水平显著呈正相关，表明环境处罚之后企业环境治理对于绿色发明创新具有显著的促进作用，其中企业环境治理的过程维度和结果维度都对这种促进作用有正向影响。

表6-21中第（4）~（6）列是检验企业环境治理对绿色实用新型创新产出的影响，其中被解释变量为绿色实用新型专利产出（G_N_Patent），解释变量分别为企业环境治理及其过程维度和结果维度（Lag_EGI、Lag_EGPI 和 Lag_EGOI）。回归结果发现，滞后一期的企业环境治理及其过程维度和结果维度均与绿色实用新型专利产出呈正相关但不显著，表明环境处罚之后企业环境治理对于绿色实用新型创新产出并不具有显著的促进作用。本书认为，可能的原因在于，相比于绿色发明专利，绿色实用新型专利对于改善企业环境治理和减少环境违规的作用较小，因为绿色发明专利可以通过改造环保设施的材料、用途、生产工艺、结构等方面对环境保护具有突出的实质性特点和显著进步，而实用新型发明专利则仅仅是形状和结构特征为主进行的技术改进，对于改善环境治理可能发挥的实质性作用较小，因此企业在绿色实用新型专利方面并没有投入较多的资源，进而也没有较多的实用新型创新产出。

表 6-20　企业环境治理对绿色创新总产出的进一步分析

| Variable | (1) G_Patent | (2) G_Patent | (3) G_Patent |
|---|---|---|---|
| Lag_EGI | 0.002 *** (3.716) | | |
| Lag_EGPI | | 0.002 *** (3.031) | |
| Lag_EGOI | | | 0.003 *** (2.767) |
| Size | 0.152 *** (20.457) | 0.153 *** (20.631) | 0.154 *** (20.834) |
| Lev | 0.000 (0.003) | −0.001 (−0.014) | 0.003 (0.073) |
| ROA | −0.435 *** (−2.967) | −0.434 *** (−2.958) | −0.442 *** (−3.014) |
| Top1 | −0.066 (−1.265) | −0.066 (−1.265) | −0.065 (−1.237) |
| Bdind | −0.075 (−0.541) | −0.081 (−0.584) | −0.081 (−0.589) |
| Manage | −0.291 ** (−2.389) | −0.299 ** (−2.455) | −0.297 ** (−2.436) |

续表

| Variable | (1)<br>G_Patent | (2)<br>G_Patent | (3)<br>G_Patent |
|---|---|---|---|
| Ocash | 0. 225 *<br>(1. 910) | 0. 229 *<br>(1. 945) | 0. 228 *<br>(1. 933) |
| Growth | −0. 029 *<br>(−1. 926) | −0. 029 *<br>(−1. 952) | −0. 030 **<br>(−2. 012) |
| Age | −0. 091 ***<br>(−7. 162) | −0. 091 ***<br>(−7. 168) | −0. 090 ***<br>(−7. 091) |
| SOE | 0. 051 ***<br>(2. 873) | 0. 051 ***<br>(2. 893) | 0. 054 ***<br>(3. 053) |
| _cons | −0. 691 ***<br>(−7. 734) | −0. 695 ***<br>(−7. 782) | −0. 694 ***<br>(−7. 768) |
| Year | Yes | Yes | Yes |
| Industry | Yes | Yes | Yes |
| N | 6000 | 6000 | 6000 |
| adj. $R^2$ | 0. 149 | 0. 148 | 0. 148 |
| F | 50. 933 | 50. 674 | 50. 588 |

注：* 、** 、*** 分别表示在 10%、5% 和 1% 的水平上显著。括号内数值为 T 值。

**表 6-21　企业环境治理分别对绿色发明和实用新型**
**专利产出的进一步分析**

| Variable | (1)<br>绿色发明专利<br>G_I_Patent | (2)<br><br>G_I_Patent | (3)<br><br>G_I_Patent | (4)<br>绿色实用新型专利<br>G_N_Patent | (5)<br><br>G_N_Patent | (6)<br><br>G_N_Patent |
|---|---|---|---|---|---|---|
| Lag_EGI | 0. 002 ***<br>(4. 830) | | | 0. 000<br>(1. 030) | | |
| Lag_EGPI | | 0. 002 ***<br>(4. 755) | | | 0. 000<br>(0. 202) | |
| Lag_EGOI | | | 0. 002 ***<br>(2. 771) | | | 0. 001<br>(1. 425) |
| Size | 0. 077 ***<br>(15. 881) | 0. 077 ***<br>(15. 978) | 0. 079 ***<br>(16. 396) | 0. 120 ***<br>(19. 513) | 0. 121 ***<br>(19. 680) | 0. 120 ***<br>(19. 626) |
| Lev | −0. 004<br>(−0. 155) | −0. 006<br>(−0. 198) | −0. 002<br>(−0. 068) | −0. 028<br>(−0. 784) | −0. 028<br>(−0. 772) | −0. 027<br>(−0. 762) |

续表

| Variable | （1） | （2） | （3） | （4） | （5） | （6） |
|---|---|---|---|---|---|---|
| | 绿色发明专利 | | | 绿色实用新型专利 | | |
| | G_I_Patent | G_I_Patent | G_I_Patent | G_N_Patent | G_N_Patent | G_N_Patent |
| ROA | −0.163* | −0.160* | −0.169* | −0.372*** | −0.374*** | −0.373*** |
| | （−1.710） | （−1.679） | （−1.777） | （−3.075） | （−3.088） | （−3.083） |
| Top1 | −0.069** | −0.069** | −0.067** | 0.036 | 0.036 | 0.036 |
| | （−2.026） | （−2.037） | （−1.985） | （0.829） | （0.837） | （0.834） |
| Bdind | −0.097 | −0.099 | −0.105 | 0.074 | 0.070 | 0.075 |
| | （−1.084） | （−1.111） | （−1.174） | （0.652） | （0.618） | （0.662） |
| Manage | −0.110 | −0.114 | −0.118 | −0.228** | −0.232** | −0.226** |
| | （−1.387） | （−1.444） | （−1.487） | （−2.262） | （−2.304） | （−2.245） |
| Ocash | 0.172** | 0.174** | 0.176** | 0.095 | 0.097 | 0.094 |
| | （2.249） | （2.280） | （2.298） | （0.972） | （0.994） | （0.963） |
| Growth | −0.013 | −0.013 | −0.014 | −0.023* | −0.024* | −0.023* |
| | （−1.291） | （−1.291） | （−1.422） | （−1.877） | （−1.912） | （−1.885） |
| Age | −0.036*** | −0.036*** | −0.035*** | −0.070*** | −0.070*** | −0.069*** |
| | （−4.339） | （−4.370） | （−4.247） | （−6.639） | （−6.625） | （−6.620） |
| SOE | 0.042*** | 0.042*** | 0.045*** | 0.028* | 0.029** | 0.028* |
| | （3.685） | （3.642） | （3.948） | （1.908） | （1.968） | （1.935） |
| _cons | −0.390*** | −0.393*** | −0.394*** | −0.577*** | −0.578*** | −0.576*** |
| | （−6.732） | （−6.785） | （−6.791） | （−7.820） | （−7.845） | （−7.818） |
| Year | Yes | Yes | Yes | Yes | Yes | Yes |
| Industry | Yes | Yes | Yes | Yes | Yes | Yes |
| N | 6000 | 6000 | 6000 | 6000 | 6000 | 6000 |
| adj. $R^2$ | 0.095 | 0.095 | 0.092 | 0.143 | 0.142 | 0.143 |
| F | 30.938 | 30.900 | 30.115 | 48.522 | 48.465 | 48.576 |

注：*、**、*** 分别表示在 10%、5% 和 1% 的水平上显著。括号内数值为 T 值。

# 第八节  本章小结

本章基于政府环境执法层面，从环境治理过程和结果的双重维度视角分析了环境处罚对企业环境治理的影响，并以 2012~2018 年沪深 A 股重污染行业上市公司为研究样本。结果发现，环境处罚频次和环境处罚力度均能显著正向影响目标企业的环境治理及其过程维度和结果维度，表明了环境处罚的特殊威慑效应。本章还进行了较多的稳健性检验，包括解释变量滞后一期回归、工具变量两阶段回归、基于新环保法的准自然实验回归、Heckman 两步估计法回归、倾向值匹配分析、替换变量衡量方式以及其他稳健性检验，发现其主要研究结论保持不变。异质性分析发现，环境处罚频次和环境处罚力度对企业环境治理及其过程维度和结果维度的促进作用仅在融资约束程度较低组、行业竞争程度较高组和地区环境污染程度较高组显著，进一步分析表明，在环境处罚威慑企业进行环境治理之后，企业环境治理及其过程维度和结果维度还显著促进了企业下期的绿色创新水平，尤其是绿色发明创新。

# 第七章 环境处罚对其他企业环境治理的影响

## 第一节 引言

其他企业是指当年与目标企业所处同行业的其他未受到环境处罚的企业。本书认为，当目标企业被政府进行环境处罚之后，这些处罚对目标企业引发的一系列负面经济后果会在同行业内传递"威胁信号"，增加行业环境风险，会使其他企业对环境违规的处罚风险和成本感知不断上升。并且政府执法行动提升了监管机构的严厉权威，其他企业也会根据监管严格的新标准更新认知，增加合规相关的努力。因此，环境处罚不仅对目标企业本身具有特殊威慑效应，还应该对同行业其他企业具有一般威慑效应。

但是 Thornton 等（2005）的研究结论并不支持一般威慑效应，他们认为大多数公司由于各种其他原因已经做到合规，所以一般威慑通常不是用于提高法律惩罚的感知威胁，而仅仅是帮助同行业其他企业起到提醒和确认是否合规的作用。而基于中国制度背景下的相关研究表明，目标企业环境行政处罚增加了同伴企业的环保投资，即通过同伴影响路径，环境规制产生威慑效应（王云等，2020），可见，这两种研究结论并不一致。此外，以往大多数文献仅单方面地分析环境执法对目标企业的特殊威慑（Glicksman and Earnhart，2007；徐彦坤等，2020）或对其他企业的一般威慑（王云等，2020），有个别文献是基于国外的背景下同时分析了环境执法的特殊威慑和一般威慑（Shimshack and Ward，2005；Lim，2016），但其研究结论却并不一致。具体而言，Shimshackt 和 Ward（2005）发现，环境罚款可以降低目标企业以及其他企业的违规率，且环境罚款对于其他企业的威慑影响和对本企业的影响几乎一样大，而 Lim（2016）发现，环境执法具有特殊威慑效果，却没有一般威慑效果。

总之，关于环境执法对于其他企业一般威慑效果的研究还未达成一致的结论，关于政府环境执法的两种威慑效果还缺少全面系统的评估，尤其是在中国的制度背景下，从实证角度探讨目标企业环境处罚对其他企业环境治理的影响研究也非常不足。鉴于此，本书基于中国的环境执法背景，从目标企业环境处罚的广度和深度两个层面，以及其他企业环境治理的过程和结果双重维度视角探究如下两个问题：一是目标企业环境处罚频次如何影响同行业其他企业的环境治理，该影响在环境治理的过程维度和结果维度如何体现？二是目标企业环境处罚力度如何影响同行业其他企业的环境治理，该影响在环境治理的过程维度和结果维度如何体现？

# 第二节　理论分析与研究假设

## 一、环境处罚频次对其他企业环境治理的一般威慑效应

从环境处罚的广度层面探究目标企业环境处罚频次对其他企业环境治理的影响。根据前文理论分析，环境处罚会严重威胁目标企业的生存合法性，给目标企业带来多项风险和损失。例如，目标企业会面临较多直接和间接的经济利益流出，还会引起与其他利益相关者之间的不利关系，在生产经营方面会面临生产运营受阻和业绩受损，在银行借款方面会面临"融资惩罚"，在税负承担方面会面临"税收惩罚"等一系列负面的经济后果。前文研究结论也证明，目标企业被政府执行的环境处罚频次越多，则目标企业受到的负面影响和惩罚就越大。由于目标企业环境处罚会在同行业中传递环境风险信息，那么这类环境风险信息会随着处罚频次的增多而增多，同时其他行业感受到的"威胁"信号也会增强。

对于同行业未被处罚的其他企业而言，一般威慑的信号可以起到提醒和确认的作用，大多数公司对这种威慑信号的反应是采取一些环境行为，可能主要是受到激励并检查公司自身是否遵守了规定（Thornton et al.，2005）。但许多企业进行环境治理的动机是出于对（法律和社会）制裁的恐惧以及遵守大多数法规的义务，尤其是对于通常出于各种规范和声誉原因而承诺遵守法规的公司而言，每一种威慑信号都加强了它们对继续遵守法规活动的需要和不遵守法规

可能造成灾难性后果的认知。因此，威慑信号会促使这类企业检查它们是否在环境方面合规，甚至会采取进一步的环境改善行动。所以本书认为，在了解到目标企业环境处罚引发的一系列严重后果以及政府部门的严格执法后，基于预防性动机，其他企业感知到环境违规将会受到政府环境处罚的威胁后，也可能会进行环境治理。并且目标企业环境处罚频次越多，其他企业进行环境治理的动机就越强，即目标企业环境处罚频次会正向影响其他企业的环境治理，发挥一般威慑效应。

具体而言，目标企业环境处罚频次对其他企业的一般威慑效应会体现在环境治理的过程维度和结果维度上。一方面，在环境治理的结果维度方面，当目标企业被政府进行多次环境处罚后，其他企业也会关注自身的环境治理结果是否合规以及被监管执法的可能性。如果本企业环境治理结果未能达到或不确定是否能够达到政府监管的要求，那么这类企业可能会增加结果维度的环境治理，确保满足环境合规的要求甚至达到"超常合规"。另一方面，在环境治理的过程维度方面，由于环境治理过程是从根源上改善环境治理结果的重要方法，很多对污染行为的控制和调整措施就是体现在环境治理过程中的。王云等（2020）认为，为规避环境违规可能导致的处罚，其最优策略为增加环保投资以满足环境规制。所以其他企业在不被政府环境处罚的情境下，没有要快速达到环境合规状态的急迫性，因此有更充足的时间进行过程维度的环境治理，进而从根源上提高环境治理整体水平。

综上所述，提出如下假设：

**H7-1**：目标企业环境处罚频次正向影响其他企业的环境治理，即同行业中目标企业环境处罚频次越多，其他企业环境治理水平越高；

**H7-1a**：目标企业环境处罚频次正向影响其他企业的环境治理过程维度，即同行业中目标企业环境处罚频次越多，其他企业在过程维度的环境治理水平越高；

**H7-1b**：目标企业环境处罚频次正向影响其他企业的环境治理结果维度，即同行业中目标企业环境处罚频次越多，其他企业在结果维度的环境治理水平越高。

## 二、环境处罚力度对其他企业环境治理的一般威慑效应

从环境处罚的深度层面探究目标企业环境处罚力度对其他企业环境治理的影响。既有研究表明执法活动的效果会因环境执法的手段不同而不同（Miller，

2005；Shimshack and Ward，2005；Shimshack，2014），环境执法的强度也会影响环境政策目标的实现（Harrington，2013），那么环境执法的一般威慑效应也可能会根据环境执法手段的严厉程度不同而不同。因为环境处罚力度越大，表明政府对促进目标企业环境治理的强制性制度压力越大，同时表明政府执法行动提升了监管机构的严厉权威，其他企业感受到的"威胁信号"也会越强。前文研究发现，目标企业被政府执行的环境处罚力度越大，则目标企业受到的负面影响和惩罚就越大，在这种情况下，目标企业环境处罚在同行业中传递的环境风险信息越多，也会进一步增强其他行业感受到的"威胁"信号。所以本书认为，基于预防性动机，其他企业在感知环境违规将会受到政府严厉处罚的威胁后，也可能会进行环境治理。并且目标企业环境处罚力度越大，其他企业进行环境治理的动机越强，即目标企业环境处罚力度会正向影响其他企业的环境治理，发挥一般威慑效应。

具体而言，目标企业环境处罚力度对其他企业的一般威慑效应会体现在环境治理的过程维度和结果维度上。一方面，在环境治理的结果维度方面，当目标企业环境处罚力度越大，其他企业对自身环境治理结果是否合规的警惕性越强，为了避免遭受较大力度的环境处罚，并确保自身环境治理结果维度能够满足政府监管要求，这类企业显然会增加对结果维度的环境治理，以达到环境合规甚至是"超常合规"。另一方面，在环境治理的过程维度方面，较大力度的执法活动可能会提高其他企业对未来督查和执法行动的威胁感知，在这种情况下，仅仅改善环境治理结果的策略是"治标"而不"治本"的，从长远角度考虑，目标企业只有从过程维度出发进行环境治理，才能有效地提升环境治理结果水平。所以在其他企业还未被政府督查部门发现环境违规行为和执行环境处罚的情境下，其他企业没有要快速达到环境合规状态的急迫性，因此有更充足的时间进行过程维度的环境治理，进而从根源上提高环境治理整体水平。

因此，提出如下假设：

**H7-2：目标企业环境处罚力度正向影响其他企业的环境治理，即同行业中目标企业环境处罚力度越大，其他企业环境治理水平越高；**

**H7-2a：目标企业环境处罚力度正向影响其他企业的环境治理过程维度，即同行业中目标企业环境处罚力度越大，其他企业在过程维度的环境治理水平越高；**

**H7-2b：目标企业环境处罚力度正向影响其他企业的环境治理结果维度，即同行业中目标企业环境处罚力度越大，其他企业在结果维度的环境治理水平越高。**

# 第三节　研究设计

## 一、样本选择与数据来源

本书基于 2012~2018 年沪深 A 股上市公司，并依据 2010 年《上市公司环境信息披露指南》（征求意见稿）中界定的 16 类重污染行业，选取重污染行业的上市公司作为研究样本。并借鉴刘海明等（2016）和 Wang 等（2019）的做法，在第六章研究设计中 6016 个公司年度观测值的样本基础上，剔除了当年受到环境处罚的目标企业—年度观测值（即 Punish 取值为 1 的样本），仅保留当年未受到环境处罚的其他企业—年度观测值（即 Punish 取值为 0 的样本），初步得到 3990 个样本。为了排除其他企业在上期受到环境处罚可能会对本期环境治理产生的滞后影响，本书又进一步剔除了上一年度受到环境处罚的其他企业—年度观测值，最终得到 3438 个样本。所需环境处罚数据是利用爬虫软件收集于公众环境研究中心网站（IPE），公司财务数据来自 CSMAR 数据库，而企业环境治理数据则是从上市公司年报中手工收集得到，并利用内容分析法构建了环境治理过程和治理结果的衡量指标，进而还对所有连续变量进行了缩尾处理。

## 二、研究方法与模型构建

为了检验目标企业的环境处罚对同行业其他企业的一般威慑效应，首先，构建模型（7-1）以检验假设 H7-1、假设 H7-1a 和假设 H7-1b，构建模型（7-2）以检验假设 H7-2、假设 H7-2a 和假设 H7-2b；其次，根据模型进行 OLS 回归分析：

$$\begin{aligned}
EGI_{i,t} / EGPI_{i,t} / EGOI_{i,t} = &\gamma_0 + \gamma_1 T\_P\_number_{i,t} + \gamma_2 Lag\_EGI_{i,t} / Lag\_EGPI_{i,t} / \\
&Lag\_EGOI_{i,t} + \gamma_3 Size_{i,t} + \gamma_4 Lev_{i,t} + \gamma_5 ROA_{i,t} + \gamma_6 Top1_{i,t} + \\
&\gamma_7 Bdind_{i,t} + \gamma_8 Manage_{i,t} + \gamma_9 Ocash_{i,t} + \gamma_{10} Growth_{i,t} + \\
&\gamma_{11} Age_{i,t} + \gamma_{12} SOE_{i,t} + Year + Industry + \varepsilon
\end{aligned}$$

$$(7-1)$$

$$\begin{aligned}
EGI_{i,t}/\ EGPI_{i,t}/\ EGOI_{i,t} &= \lambda_0 + \lambda_1 T\_P\_degree_{i,t} + \lambda_2 Lag\_EGI_{i,t}/Lag\_EGPI_{i,t}/ \\
&\quad Lag\_EGOI_{i,t} + \lambda_3 Size_{i,t} + \lambda_4 Lev_{i,t} + \lambda_5 ROA_{i,t} + \lambda_6 Top1_{i,t} + \\
&\quad \lambda_7 Bdind_{i,t} + \lambda_8 Manage_{i,t} + \lambda_9 Ocash_{i,t} + \lambda_{10} Growth_{i,t} + \\
&\quad \lambda_{11} Age_{i,t} + \lambda_{12} SOE_{i,t} + Year + Industry + \varepsilon
\end{aligned} \quad (7-2)$$

模型（7-1）和模型（7-2）中被解释变量都分别包括企业环境治理、环境治理过程和环境治理结果（EGI、EGPI 和 EGOI），关于企业环境治理及其过程维度和结果维度的指标评分和衡量，这里采用的是第六章中所构建的指标。模型（7-1）的解释变量是目标企业环境处罚频次，是对特定行业和年份中所有目标企业被处罚次数的总和加 1 后取自然对数（T_P_number），模型（7-2）的解释变量是目标企业环境处罚力度，是对特定行业和年份中所有目标企业被处罚力度的总分值加 1 后取自然对数（T_P_degree）。

值得注意的是，为了控制企业上一期的环境治理及其过程和结果维度对本期产生的影响，还加入了环境治理及其过程维度和结果维度的滞后一期指标作为控制变量（Lag_EGI、Lag_EGPI、Lag_EGOI），分别对其相应的当期指标进行回归。此外，借鉴 Zou 等（2017）、Wang 等（2019）及 Lee 和 Xiao（2020）的做法，控制了公司特征的一系列变量，还控制了行业和年度变量，所有变量的具体定义如表 7-1 所示。

表 7-1　变量定义

| 变量符号 | 变量名称 | 变量定义 |
|---|---|---|
| EGI | 企业环境治理 | 对环境治理指标的评分总和（EGI_score）标准化处理 |
| EGPI | 企业环境治理过程维度 | 对环境治理过程指标的评分总和（EGPI_score）标准化处理 |
| EGOI | 企业环境治理结果维度 | 对环境治理结果指标的评分总和（EGOI_score）标准化处理 |
| T_P_number | 目标企业环境处罚频次 | 对特定行业和年份中所有目标企业被处罚次数的总和加 1 后取自然对数 |
| T_P_degree | 目标企业环境处罚力度 | 对特定行业和年份中所有目标企业被处罚力度的总分值加 1 后取自然对数 |
| Size | 企业规模 | 总资产的自然对数 |
| Lev | 资产负债率 | 总负债与总资产的比值 |
| ROA | 总资产收益率 | 税前总利润/总资产 |
| Top1 | 股权集中度 | 第一大股东持股比例 |
| Bdind | 独立董事比例 | 独立董事与董事总人数的比值 |
| Manage | 代理成本 | 管理费用与营业收入比值 |

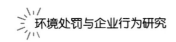

| 变量符号 | 变量名称 | 变量定义 |
|---|---|---|
| Ocash | 经营性现金流水平 | 经营性现金流与总资产比值 |
| Growth | 成长性 | 主营业务收入增长率 |
| Age | 上市年龄 | 公司上市时间加 1 后取对数 |
| SOE | 产权性质 | 国有企业取值为 1，否则为 0 |
| Year | 年度 | 年度虚拟变量 |
| Industry | 行业 | 行业虚拟变量 |

# 第四节　主要实证结果分析

## 一、描述性统计

描述性统计如表 7-2 所示：在有关被解释变量的统计中，企业环境治理初始总分（EGI_score）的均值、中值以及最大值分别为 13.960、8 和 146，环境治理过程维度总分（EGPI_score）的均值、中值以及最大值分别为 7.350、4 和 58，而环境治理结果维度总分（EGOI_score）的均值、中值以及最大值分别为 6.544、2 和 106。这三项指标的最大值与最小值差距都较大，而中位值较小说明大多数企业的环境治理水平偏低，并且标准差较大，说明数据整体分布都较为离散，不同企业在环境治理方面的表现差异明显。这三项指标经过标准化处理后得到的 EGI、EGPI 和 EGOI 由于符合正态分布，其均值和标准差都分别为 0 和 1。

在有关解释变量的统计中，目标企业环境处罚频次（T_P_number）的均值和中值分别为 3.723 和 3.829，说明每个行业中目标企业环境处罚的平均次数是 3.723 次，中值和均值较为相近。其最小值和最大值分别为 0 和 6.035，即行业中目标企业环境处罚次数最少的是 0 次，而最多的是 6.035 次，说明两者差距较大。但标准差偏小，说明数据整体分布都较为集中。目标企业环境处罚力度（T_P_degree）的均值和中值分别为 4.153 和 4.263，说明每个行业中目标企业环境处罚的平均力度是 4.153，中值和均值较为相近。其最小值和最大值分别为 0 和 6.659，即行业中目标企业环境处罚力度最少的是 0 次，而最大的是 6.659 次，说明两者差距较大。但标准差偏小，说明数据整体分布都较为集中。

此外，其他控制变量的数据统计也基本与前人结果类似。

表 7-2　描述性统计

| Variable | N | mean | min | p50 | max | sd |
|---|---|---|---|---|---|---|
| EGI_score | 3438 | 13.960 | 0 | 8 | 146 | 19.700 |
| EGPI_score | 3438 | 7.350 | 0 | 4 | 58 | 9.437 |
| EGOI_score | 3438 | 6.544 | 0 | 2 | 106 | 12.920 |
| EGI | 3438 | 0 | −0.708 | −0.302 | 6.702 | 1 |
| EGPI | 3438 | 0 | −0.779 | −0.355 | 5.367 | 1 |
| EGOI | 3438 | 0 | −0.506 | −0.352 | 7.696 | 1 |
| T_P_number | 3438 | 3.723 | 0 | 3.829 | 6.035 | 1.316 |
| T_P_degree | 3438 | 4.153 | 0 | 4.263 | 6.659 | 1.512 |
| Size | 3438 | 7.955 | 5.775 | 7.883 | 12.25 | 1.031 |
| Lev | 3438 | 0.392 | 0.052 | 0.365 | 0.957 | 0.213 |
| ROA | 3438 | 0.039 | −0.201 | 0.036 | 0.217 | 0.064 |
| Top1 | 3438 | 0.342 | 0.092 | 0.321 | 0.764 | 0.146 |
| Bdind | 3438 | 0.374 | 0.333 | 0.333 | 0.571 | 0.052 |
| Manage | 3438 | 0.097 | 0.009 | 0.080 | 0.427 | 0.072 |
| Ocash | 3438 | 0.050 | −0.154 | 0.049 | 0.243 | 0.071 |
| Growth | 3438 | 0.175 | −0.586 | 0.076 | 3.278 | 0.535 |
| Age | 3438 | 2.125 | 0.693 | 2.197 | 3.178 | 0.743 |
| SOE | 3438 | 0.352 | 0 | 0 | 1 | 0.478 |

## 二、单变量分析

为了更直观地考察目标企业的环境处罚与其他企业环境治理之间的关系，按照同行业中是否有被环境处罚的目标企业（Target_Punish）分组，比较两组之间其他企业环境治理的差异。单变量分析结果如表 7-3 所示：可以发现，同行业中有被环境处罚的目标企业的其他企业年度观测值是 3342 个，在这些样本中，其他企业的环境治理指标（EGI）均值为 0.005，环境治理过程维度指标（EGPI）和结果维度指标（EGOI）的均值分别为 0.005 和 0.004。而同行业中没有被环境处罚的目标企业的其他企业年度观测值是 96 个，在这些样本中，其他企业的环境治理指标（EGI）均值为 -0.190，环境治理过程维度指标（EGPI）和结果维度指标（EGOI）的均值分别为 -0.186 和 -0.149。对比发现，相较于在同行业中没有被环境处罚的目标企业的其他企业，同行业中有被环境处罚的目标企业的其他企业在环境治理及其过程维度和结果维度的得分要更高，对三组指标均值进行 T 检验，EGI 和 EGPI 指标的差异均在 10% 水平上显著，EGPI 指标的差异弱显著。结果表明，在同行业中如果有被环境处罚的目标企业，则其他企业会进行更高水平的环境治理，包括过程维度和结果维度，这与本书假设逻辑相符。

表7-3  单变量分析（以同行业是否有被环境处罚的目标企业分组）

| Variable | Target_Punish = 0 | | Target_Punish = 1 | | Mean-Diff |
|---|---|---|---|---|---|
| | N | Mean | N | Mean | |
| EGI | 96 | -0.190 | 3342 | 0.005 | -0.192 * |
| EGPI | 96 | -0.186 | 3342 | 0.005 | -0.191 * |
| EGOI | 96 | -0.149 | 3342 | 0.004 | -0.154 |

注：* 、** 、*** 分别表示在 10%、5% 和 1% 的水平上显著。

## 三、相关性分析

如表7-4 所示：整体而言，其他企业的环境治理及环境治理的过程维度和结果维度（EGI、EGPI 和 EGOI）这三者之间的相关系数较大，由于这三项指标是分别作为被解释变量进行回归的，在模型检验中互不影响。另外，目标企业环境处罚频次（T_P_number）和环境处罚力度（T_P_degree）之间的相关系数也较大，由于这两项指标是分别作为解释变量进行回归的，所以在模型检验中互不影响。除此之外，其他所有的变量之间相关系数均不超过 0.5，表明基本不存在共线性问题。具体而言，目标企业环境处罚频次与企业环境治理及其过程维度和结果维度都显著呈正相关，表明同行业中目标企业环境处罚频次越多，对其他企业环境治理及其过程维度和结果维度的促进作用越大，初步验证了假设 H7-1、假设 H7-1a 和假设 H7-1b。目标企业环境处罚力度与企业环境治理及其过程维度和结果维度也都显著呈正相关，表明目标企业环境处罚力度越大，对其他企业环境治理及其过程维度和结果维度的促进作用越大，初步验证了假设 H7-2、假设 H7-2a 和假设 H7-2b。

表 7-4 相关性分析

| Variable | EGI | EGPI | EGOI | T_P_number | T_P_degree | Size | Lev | ROA | Top1 | Bdind | Manage | Ocash | Growth | Age | SOE |
|---|---|---|---|---|---|---|---|---|---|---|---|---|---|---|---|
| EGI | 1 | | | | | | | | | | | | | | |
| EGPI | 0.807*** | 1 | | | | | | | | | | | | | |
| EGOI | 0.907*** | 0.491*** | 1 | | | | | | | | | | | | |
| T_P_number | 0.144*** | 0.136*** | 0.116*** | 1 | | | | | | | | | | | |
| T_P_degree | 0.173*** | 0.153*** | 0.148*** | 0.986*** | 1 | | | | | | | | | | |
| Size | 0.203*** | 0.222*** | 0.143*** | 0.044*** | 0.061*** | 1 | | | | | | | | | |
| Lev | 0.039* | 0.085*** | -0.004 | -0.001 | -0.017 | 0.257*** | 1 | | | | | | | | |
| ROA | 0.026 | -0.019 | 0.052*** | 0.009 | 0.016 | 0.060*** | -0.424*** | 1 | | | | | | | |
| Top1 | 0.050*** | 0.081*** | 0.016 | -0.026 | -0.029* | 0.269*** | 0.005 | 0.108*** | 1 | | | | | | |
| Bdind | -0.067*** | -0.071*** | -0.051*** | -0.024 | -0.016 | -0.010 | -0.001 | -0.026 | 0.042** | 1 | | | | | |
| Manage | -0.131*** | -0.100*** | -0.126*** | 0.039*** | 0.032* | -0.325*** | -0.089*** | -0.152*** | -0.192*** | 0.049*** | 1 | | | | |
| Ocash | 0.047*** | 0.028 | 0.053*** | -0.009 | -0.009 | 0.130*** | -0.173*** | 0.427*** | 0.137*** | -0.023 | -0.157*** | 1 | | | |
| Growth | -0.029* | -0.036* | -0.017 | 0.018 | 0.026 | 0.037** | 0.019 | 0.169*** | -0.015 | 0.015 | -0.063*** | -0.016 | 1 | | |
| Age | 0.070*** | 0.102*** | 0.031* | 0.094*** | 0.102*** | 0.262*** | 0.349*** | -0.178*** | -0.139*** | 0 | 0.040** | -0.031* | -0.004 | 1 | |
| SOE | 0.063*** | 0.131*** | -0.00100 | 0.123*** | 0.110*** | 0.235*** | 0.293*** | -0.158*** | 0.093*** | -0.058*** | -0.023 | -0.034*** | -0.059*** | 0.492*** | 1 |

注：*、**、***分别表示在10%、5%和1%的水平上显著。

## 四、回归结果分析

多元回归分析结果如表 7-5 所示：第（1）~（3）列是基于模型（7-1）的回归结果，被解释变量分别为其他企业的环境治理、环境治理过程维度和环境治理结果维度（EGI、EGPI 和 EGOI），解释变量均为目标企业环境处罚频次（T_P_number）。结果显示，目标企业环境处罚频次与其他企业环境治理及其过程维度和结果维度均显著呈正相关，表明同行业内目标企业环境处罚频次越多，越能够威慑其他企业进行过程维度和结果维度的环境治理，回归结果与理论预期一致，支持了假设 H7-1、假设 H7-1a 和假设 H7-1b。

第（4）~（6）列是基于模型（7-2）的回归结果，被解释变量分别为其他企业的环境治理、环境治理过程维度和环境治理结果维度（EGI、EGPI 和 EGOI），解释变量均为目标企业环境处罚力度（T_P_degree）。结果显示，行业内目标企业环境处罚力度与其他企业环境治理及其过程维度和结果维度均显著呈正相关，表明行业内目标企业环境处罚力度越大，越能够威慑其他企业进行过程维度和结果维度的环境治理，回归结果与理论预期一致，支持了假设 H7-2、假设 H7-2a 和假设 H7-2b。

总之，目标企业环境处罚除了对目标企业本身具有特殊威慑效应之外，还对其他企业也具有一般威慑效应，即环境处罚在同行业内产生了传染效应。

表 7-5　目标企业环境处罚对其他企业的一般威慑效应检验

| Variable | (1)<br>EGI | (2)<br>EGPI | (3)<br>EGOI | (4)<br>EGI | (5)<br>EGPI | (6)<br>EGOI |
|---|---|---|---|---|---|---|
| T_P_number | 0.055 ***<br>(4.042) | 0.067 ***<br>(4.671) | 0.046 ***<br>(3.286) | | | |
| T_P_degree | | | | 0.049 ***<br>(4.036) | 0.058 ***<br>(4.547) | 0.042 ***<br>(3.360) |
| Lag_EGI | 0.475 ***<br>(27.242) | | | 0.476 ***<br>(27.251) | | |
| Lag_EGPI | | 0.468 ***<br>(25.586) | | | 0.468 ***<br>(25.598) | |
| Lag_EGOI | | | 0.379 ***<br>(21.455) | | | 0.380 ***<br>(21.464) |
| Size | 0.090 ***<br>(5.391) | 0.102 ***<br>(5.878) | 0.070 ***<br>(4.040) | 0.089 ***<br>(5.375) | 0.101 ***<br>(5.857) | 0.069 ***<br>(4.028) |

续表

| Variable | (1) EGI | (2) EGPI | (3) EGOI | (4) EGI | (5) EGPI | (6) EGOI |
|---|---|---|---|---|---|---|
| Lev | 0.084 | 0.104 | 0.068 | 0.086 | 0.106 | 0.070 |
| | (1.030) | (1.219) | (0.794) | (1.053) | (1.241) | (0.816) |
| ROA | 0.300 | −0.091 | 0.426 | 0.299 | −0.092 | 0.424 |
| | (1.087) | (−0.318) | (1.485) | (1.081) | (−0.320) | (1.477) |
| Top1 | 0.012 | 0.145 | −0.061 | 0.011 | 0.144 | −0.062 |
| | (0.117) | (1.321) | (−0.560) | (0.107) | (1.310) | (−0.568) |
| Bdind | −1.023 *** | −1.081 *** | −0.804 *** | −1.024 *** | −1.084 *** | −0.805 *** |
| | (−3.773) | (−3.830) | (−2.855) | (−3.779) | (−3.838) | (−2.858) |
| Manage | −0.368 * | −0.346 | −0.412 * | −0.362 * | −0.336 | −0.407 * |
| | (−1.681) | (−1.519) | (−1.807) | (−1.650) | (−1.475) | (−1.787) |
| Ocash | 0.014 | 0.005 | 0.101 | 0.018 | 0.009 | 0.105 |
| | (0.063) | (0.022) | (0.431) | (0.082) | (0.039) | (0.449) |
| Growth | −0.063 ** | −0.066 ** | −0.057 ** | −0.063 ** | −0.066 ** | −0.057 ** |
| | (−2.317) | (−2.332) | (−2.002) | (−2.310) | (−2.320) | (−1.998) |
| Age | 0.003 | 0.010 | 0.001 | 0.003 | 0.010 | 0.001 |
| | (0.129) | (0.417) | (0.057) | (0.118) | (0.405) | (0.046) |
| SOE | 0.005 | 0.053 | −0.015 | 0.005 | 0.054 | −0.015 |
| | (0.124) | (1.404) | (−0.405) | (0.136) | (1.436) | (−0.406) |
| _cons | −0.513 *** | −0.407 ** | −0.549 *** | −0.507 *** | −0.398 ** | −0.546 *** |
| | (−2.772) | (−2.112) | (−2.861) | (−2.745) | (−2.067) | (−2.848) |
| Year | Yes | Yes | Yes | Yes | Yes | Yes |
| Industry | Yes | Yes | Yes | Yes | Yes | Yes |
| N | 3438 | 3438 | 3438 | 3438 | 3438 | 3438 |
| adj. $R^2$ | 0.323 | 0.266 | 0.269 | 0.323 | 0.266 | 0.269 |
| F | 75.673 | 57.651 | 58.478 | 75.670 | 57.580 | 58.508 |

注：*、**、*** 分别表示在 10%、5% 和 1% 的水平上显著。括号内数值为 T 值。

# 第五节　稳健性检验

## 一、解释变量滞后一期回归

考虑到目标企业的环境处罚对其他企业环境治理的影响可能存在一定滞后

性，本书将解释变量滞后一期进行回归。结果如表 7-6 所示：目标企业滞后一期的环境处罚频次和环境处罚力度（Lag_T_P_number 和 Lag_T_P_degree）依然显著正向影响其他企业环境治理及其过程维度和结果维度（EGI、EGPI 和 EGOI），即所有结果均类似于表 7-5，说明结论较为稳健。

表 7-6　解释变量滞后一期回归

| Variable | （1）EGI | （2）EGPI | （3）EGOI | （4）EGI | （5）EGPI | （6）EGOI |
|---|---|---|---|---|---|---|
| Lag_T_P_number | 0.053 *** | 0.054 *** | 0.051 *** | | | |
| | （3.294） | （3.225） | （3.005） | | | |
| Lag_T_P_degree | | | | 0.046 *** | 0.046 *** | 0.043 *** |
| | | | | （3.177） | （3.091） | （2.867） |
| Lag_EGI | 0.641 *** | | | 0.642 *** | | |
| | （24.802） | | | （24.861） | | |
| Lag_EGPI | | 0.478 *** | | | 0.479 *** | |
| | | （22.924） | | | （22.977） | |
| Lag_EGOI | | | 0.589 *** | | | 0.590 *** |
| | | | （18.786） | | | （18.820） |
| Size | 0.073 *** | 0.103 *** | 0.042 ** | 0.072 *** | 0.103 *** | 0.041 ** |
| | （3.630） | （4.981） | （1.987） | （3.613） | （4.964） | （1.973） |
| Lev | 0.002 | 0.032 | 0.002 | 0.003 | 0.033 | 0.003 |
| | （0.018） | （0.321） | （0.019） | （0.028） | （0.329） | （0.028） |
| ROA | 0.256 | -0.279 | 0.478 | 0.257 | -0.277 | 0.480 |
| | （0.773） | （-0.814） | （1.382） | （0.778） | （-0.809） | （1.386） |
| Top1 | 0.019 | 0.051 | 0.025 | 0.016 | 0.049 | 0.022 |
| | （0.149） | （0.390） | （0.185） | （0.127） | （0.368） | （0.167） |
| Bdind | -0.732 ** | -0.798 ** | -0.584 * | -0.736 ** | -0.802 ** | -0.588 * |
| | （-2.330） | （-2.449） | （-1.774） | （-2.342） | （-2.461） | （-1.786） |
| Manage | -0.118 | -0.222 | -0.173 | -0.113 | -0.216 | -0.167 |
| | （-0.471） | （-0.852） | （-0.657） | （-0.450） | （-0.831） | （-0.636） |
| Ocash | 0.095 | 0.229 | 0.108 | 0.091 | 0.225 | 0.104 |
| | （0.357） | （0.831） | （0.386） | （0.342） | （0.816） | （0.372） |
| Growth | -0.065 ** | -0.074 ** | -0.052 | -0.064 ** | -0.074 ** | -0.052 |
| | （-1.999） | （-2.202） | （-1.529） | （-1.997） | （-2.200） | （-1.528） |

| Variable | (1)<br>EGI | (2)<br>EGPI | (3)<br>EGOI | (4)<br>EGI | (5)<br>EGPI | (6)<br>EGOI |
|---|---|---|---|---|---|---|
| Age | −0.026<br>(−0.811) | 0.006<br>(0.171) | −0.045<br>(−1.335) | −0.026<br>(−0.809) | 0.006<br>(0.174) | −0.045<br>(−1.332) |
| SOE | 0.061<br>(1.393) | 0.072<br>(1.594) | 0.068<br>(1.481) | 0.062<br>(1.418) | 0.073<br>(1.620) | 0.069<br>(1.511) |
| _cons] | −0.488 **<br>(−2.183) | −0.640 ***<br>(−2.765) | −0.310<br>(−1.327) | −0.479 **<br>(−2.145) | −0.631 ***<br>(−2.726) | −0.301<br>(−1.290) |
| Year | Yes | Yes | Yes | Yes | Yes | Yes |
| Industry | Yes | Yes | Yes | Yes | Yes | Yes |
| N | 2312 | 2312 | 2312 | 2312 | 2312 | 2312 |
| adj. $R^2$ | 0.319 | 0.273 | 0.246 | 0.318 | 0.273 | 0.246 |
| F | 52.479 | 42.310 | 36.935 | 52.426 | 42.254 | 36.884 |

注：＊、＊＊、＊＊＊分别表示在 10%、5% 和 1% 的水平上显著。括号内数值为 T 值。

## 二、工具变量两阶段回归

采用工具变量法解决内生性问题，参考王云等（2020）的做法，选取下一期同行业中的目标企业占比（F_Punish_ratio）作为本期目标企业环境处罚频次（T_P_number）和环境处罚力度（T_P_degree）的工具变量，这里的目标企业占比是指被环境处罚的目标企业数量占同行业所有企业数量的比值。尽管目标企业下一期的环境处罚与当期环境处罚情况直接相关，但目标企业下一期处罚事件还未发生，并不影响同行业其他企业当期的环境治理，并且同行业中的目标企业占比情况会影响到目标企业环境处罚的总频次和总力度，因而符合工具变量选取条件。

工具变量两阶段回归（2SLS）结果如表 7-7 所示，第（1）列和第（5）列是 2SLS 的第一阶段回归，结果发现两项工具变量的系数显著为正，符合预期，本书还对两项工具变量进行弱工具检验，根据经验原则判断，发现 F 值均大于 10，说明不是弱工具变量。第（2）~（4）列是 2SLS 的第二阶段结果，解释变量为目标企业环境处罚频次（T_P_number），结果发现目标企业环境处罚频次与其他企业的环境治理及其过程维度和结果维度均显著呈正相关。第（6）~（8）列也是 2SLS 的第二阶段结果，解释变量为目标企业环境处罚力度（T_P_degree），发现目标企业环境处罚力度均与其他企业的环境治理及其过程维度和结果维度显著呈正相关，结果支持前文结论。

**表 7-7　工具变量两阶段回归**

| Variable | （1）第一阶段 | （2）第二阶段 H7-1、H7-1a、H7-1b 检验 | （3） | （4） | （5）第一阶段 | （6）第二阶段 H7-2、H7-2a、H7-2b 检验 | （7） | （8） |
|---|---|---|---|---|---|---|---|---|
| | T_P_number | EGI | EGPI | EGOI | T_P_degree | EGI | EGPI | EGOI |
| F_Punish_ratio | 6.329 *** (43.133) | | | | 7.124 *** (43.684) | | | |
| T_P_number | | 0.068 *** (3.799) | 0.118 *** (5.034) | 0.027 * (1.680) | | | | |
| T_P_degree | | | | | | 0.060 *** (3.795) | 0.105 *** (5.029) | 0.024 * (1.679) |
| Lag_EGI | | 0.348 *** (20.920) | | | | 0.349 *** (20.949) | | |
| Lag_EGPI | | | 0.407 *** (18.969) | | | | 0.407 *** (18.988) | |
| Lag_EGOI | | | | 0.214 *** (14.313) | | | | 0.214 *** (14.329) |
| Size | -0.004 (-0.221) | 0.052 *** (3.461) | 0.072 *** (3.653) | 0.033 ** (2.392) | 0.001 (0.029) | 0.052 *** (3.434) | 0.072 *** (3.618) | 0.033 ** (2.381) |
| Lev | -0.350 *** (-3.762) | 0.103 (1.448) | 0.133 (1.424) | 0.078 (1.212) | -0.418 *** (-4.034) | 0.105 (1.465) | 0.135 (1.446) | 0.079 (1.219) |
| ROA | 0.831 ** (2.571) | -0.176 (-0.714) | -0.589 * (-1.828) | 0.096 (0.431) | 1.084 *** (3.017) | -0.185 (-0.748) | -0.604 * (-1.872) | 0.093 (0.415) |
| Top1 | -0.291 ** (-2.397) | 0.121 (1.314) | 0.274 ** (2.275) | -0.015 (-0.175) | -0.263 * (-1.954) | 0.117 (1.270) | 0.267 ** (2.216) | -0.016 (-0.193) |
| Bdind | -0.131 (-0.428) | -0.630 *** (-2.699) | -0.655 ** (-2.152) | -0.456 ** (-2.160) | -0.110 (-0.325) | -0.632 *** (-2.706) | -0.659 ** (-2.163) | -0.457 ** (-2.163) |
| Manage | 1.375 *** (5.539) | -0.464 ** (-2.428) | -0.470 * (-1.887) | -0.442 ** (-2.555) | 1.458 *** (5.284) | -0.459 ** (-2.397) | -0.460 * (-1.848) | -0.440 ** (-2.543) |
| Ocash | -0.504 ** (-1.978) | 0.306 (1.571) | 0.406 (1.596) | 0.212 (1.204) | -0.704 ** (-2.486) | 0.314 (1.610) | 0.420 * (1.649) | 0.215 (1.221) |
| Growth | 0.139 *** (3.871) | -0.025 (-0.913) | -0.035 (-0.964) | -0.020 (-0.809) | 0.154 *** (3.851) | -0.025 (-0.904) | -0.034 (-0.954) | -0.020 (-0.806) |
| Age | -0.069 ** (-2.544) | -0.009 (-0.417) | -0.009 (-0.322) | -0.010 (-0.509) | -0.077 ** (-2.530) | -0.009 (-0.421) | -0.009 (-0.328) | -0.010 (-0.510) |

续表

| Variable | (1) 第一阶段 | (2) 第二阶段 H7-1、H7-1a、H7-1b 检验 | (3) | (4) | (5) 第一阶段 | (6) 第二阶段 H7-2、H7-2a、H7-2b 检验 | (7) | (8) |
|---|---|---|---|---|---|---|---|---|
| | T_P_number | EGI | EGPI | EGOI | T_P_degree | EGI | EGPI | EGOI |
| SOE | 0.198 *** | 0.027 | 0.083 ** | -0.012 | 0.210 *** | 0.028 | 0.085 ** | -0.012 |
| | (4.747) | (0.833) | (1.961) | (-0.419) | (4.524) | (0.857) | (1.993) | (-0.409) |
| _cons | -0.195 | -0.321 ** | -0.379 * | -0.283 * | -0.341 | -0.314 * | -0.366 * | -0.280 * |
| | (-0.917) | (-1.978) | (-1.787) | (-1.929) | (-1.440) | (-1.932) | (-1.726) | (-1.912) |
| Year | Yes | Yes | Yes | Yes | Yes | Yes | Yes | Yes |
| Industry | Yes | Yes | Yes | Yes | Yes | Yes | Yes | Yes |
| N | 2312 | 2312 | 2312 | 2312 | 2312 | 2312 | 2312 | 2312 |
| adj. $R^2$ | 0.668 | 0.236 | 0.227 | 0.124 | 0.682 | 0.235 | 0.225 | 0.123 |
| F | 233.292 | 35.756 | 34.768 | 16.605 | 248.635 | 35.679 | 34.690 | 16.591 |

注：*、**、*** 分别表示在 10%、5% 和 1% 的水平上显著。括号内数值为 T 值。

## 三、Heckman 两步估计法

借鉴王云等（2020）的做法，考虑到进行环境治理的其他企业样本是一个自我选择样本，而不是随机样本，可能会导致有偏估计，因此本书也进行了 Heckman 两步估计法的稳健性检验。第一阶段是其他企业的环境治理决策模型，对其他企业是否进行环境治理（Govergance）进行 Probit 回归，加入的控制变量与模型（7-1）和模型（7-2）中的控制变量一致。然后通过第一阶段回归计算出逆米尔斯比率 IMR，其作用是为每一个样本计算出一个用于修正样本选择偏差的值，如果 IMR 大于 0，表明确实存在样本自选择问题。最后再将 IMR 作为控制变量分别加入模型（7-1）和模型（7-2）中对其他企业的环境治理及其过程维度和结果维度进行第二阶段 OLS 回归。

结果如表 7-8 所示：第（1）列是对第一阶段的 Probit 回归，未列出的结果显示每个样本的 IMR 指标全部大于 0，表明确实存在样本自选择问题；第（2）~（7）列显示的第二阶段回归结果中，在控制 IMR 后，目标企业环境处罚频次和环境处罚力度仍与企业环境治理及其过程维度和结果维度在 1% 水平上显著呈正相关，所有结果均类似于表 7-5，支持前文研究结论。

表 7-8  **Heckman 两步估计法回归结果**

| Variable | (1) 第一阶段 | (2) 第二阶段 H7-1、H7-1a、H7-1b 检验 | (3) | (4) | (5) 第二阶段 H7-2、H7-2a、H7-2b 检验 | (6) | (7) |
|---|---|---|---|---|---|---|---|
| | Govergance | EGI | EGPI | EGOI | EGI | EGPI | EGOI |
| T_P_number | | 0.055*** (4.031) | 0.067*** (4.667) | 0.046*** (3.266) | | | |
| T_P_degree | | | | | 0.049*** (4.023) | 0.058*** (4.543) | 0.042*** (3.337) |
| Lag_EGI | | 0.475*** (27.183) | | | 0.475*** (27.193) | | |
| Lag_EGPI | | | 0.467*** (25.552) | | | 0.468*** (25.565) | |
| Lag_EGOI | | | | 0.379*** (21.422) | | | 0.379*** (21.431) |
| Size | 0.170*** (5.260) | 0.117*** (3.705) | 0.110*** (3.342) | 0.110*** (3.356) | 0.116*** (3.691) | 0.109*** (3.326) | 0.109*** (3.344) |
| Lev | -0.179 (-1.183) | 0.043 (0.474) | 0.092 (0.968) | 0.007 (0.071) | 0.046 (0.498) | 0.094 (0.990) | 0.009 (0.094) |
| ROA | -1.699*** (-3.345) | 0.010 (0.026) | -0.175 (-0.422) | -0.003 (-0.007) | 0.010 (0.026) | -0.174 (-0.420) | -0.004 (-0.009) |
| Top1 | 0.205 (1.018) | 0.038 (0.353) | 0.152 (1.349) | -0.023 (-0.203) | 0.037 (0.343) | 0.151 (1.337) | -0.024 (-0.212) |
| Bdind | -1.126** (-2.242) | -1.229*** (-3.622) | -1.141*** (-3.228) | -1.109*** (-3.147) | -1.229*** (-3.622) | -1.142*** (-3.230) | -1.109*** (-3.146) |
| Manage | -1.819*** (-4.712) | -0.727* (-1.742) | -0.450 (-1.035) | -0.942** (-2.174) | -0.718* (-1.720) | -0.438 (-1.007) | -0.936** (-2.159) |
| Ocash | 0.322 (0.775) | 0.077 (0.330) | 0.023 (0.096) | 0.193 (0.799) | 0.081 (0.346) | 0.027 (0.111) | 0.197 (0.815) |
| Growth | -0.161*** (-3.359) | -0.095** (-2.284) | -0.075* (-1.744) | -0.103** (-2.402) | -0.094** (-2.275) | -0.075* (-1.732) | -0.103** (-2.394) |
| Age | -0.023 (-0.512) | -0.003 (-0.127) | 0.009 (0.334) | -0.008 (-0.304) | -0.003 (-0.136) | 0.008 (0.324) | -0.008 (-0.313) |
| SOE | 0.251*** (3.571) | 0.044 (0.823) | 0.065 (1.162) | 0.043 (0.777) | 0.044 (0.827) | 0.066 (1.179) | 0.043 (0.772) |

续表

| Variable | (1) | (2) | (3) | (4) | (5) | (6) | (7) |
|---|---|---|---|---|---|---|---|
| | 第一阶段 | 第二阶段 H7-1、H7-1a、H7-1b 检验 | | | 第二阶段 H7-2、H7-2a、H7-2b 检验 | | |
| | Govergance | EGI | EGPI | EGOI | EGI | EGPI | EGOI |
| IMR | | 0.474 | 0.137 | 0.702 | 0.471 | 0.134 | 0.699 |
| | | (1.010) | (0.280) | (1.440) | (1.003) | (0.274) | (1.433) |
| _cons | 0.673* | −0.686*** | −0.457* | −0.805*** | −0.679*** | −0.447* | −0.801*** |
| | (1.893) | (−2.720) | (−1.739) | (−3.078) | (−2.696) | (−1.702) | (−3.064) |
| Year | Yes | Yes | Yes | Yes | Yes | Yes | Yes |
| Industry | Yes | Yes | Yes | Yes | Yes | Yes | Yes |
| N | 3438 | 3438 | 3438 | 3438 | 3438 | 3438 | 3438 |
| Pseudo $R^2$/adj. $R^2$ | 0.065 | 0.323 | 0.266 | 0.269 | 0.323 | 0.266 | 0.269 |
| LR $chi^2$/F | 194.41 | 72.427 | 55.133 | 56.043 | 72.423 | 55.065 | 56.071 |

注：第（1）列回归得到 Pseudo $R^2$ 和 LR $chi^2$，其余列回归得到 adj. $R^2$ 和 F 值；*、**、*** 分别表示在 10%、5% 和 1% 的水平上显著。括号内数值为 T 值。

## 四、替换变量衡量方式

表 7-9 和表 7-10 分别是对解释变量和被解释变量进行的替代性检验回归。其中，表 7-9 是对目标企业环境处罚的解释变量进行的替代性检验，借鉴 Wang 等（2019）的做法，构建了两个指标：一是目标企业数量，即是将特定行业和年份的目标企业数量加 1 后取自然对数（Punish_ln），二是目标企业数量占比，即目标企业数量占同行业所有企业数量的比值（Punish_ratio）。然后将替换后的两个指标放入模型（7-1）和模型（7-2）重新回归。结果发现，同行业中受环境处罚的目标企业数量和目标企业占比均与同行业其他企业的环境治理及其过程维度和结果维度显著呈正相关，佐证了前文主回归结论。

表 7-10 是对其他企业环境治理及其过程维度和结果维度的被解释变量进行的替代性检验，即对企业环境治理及其过程和结果维度这三项评分总和加 1 后取自然对数（EGI_ln、EGPI_ln 和 EGOI_ln）来代替原来的标准化处理，然后将替换后的指标放入模型（7-1）和模型（7-2）重新回归。结果发现，对假设 H7-1、假设 H7-1a、假设 H7-1b、假设 H7-2、假设 H7-2a 和假设 H7-2b 的检验结果均类似于表 7-5，与主回归结果一致。

表 7-9　替换解释变量衡量方式

| Variable | (1) EGI | (2) EGPI | (3) EGOI | (4) EGI | (5) EGPI | (6) EGOI |
|---|---|---|---|---|---|---|
| Punish_ln | 0.069*** (4.157) | 0.084*** (4.865) | 0.055*** (3.221) | | | |
| Punish_ratio | | | | 0.543*** (3.952) | 0.754*** (5.263) | 0.406*** (2.862) |
| Lag_EGI | 0.476*** (27.262) | | | 0.474*** (27.057) | | |
| Lag_EGPI | | 0.468*** (25.633) | | | 0.464*** (25.352) | |
| Lag_EGOI | | | 0.379*** (21.449) | | | 0.379*** (21.370) |
| Size | 0.089*** (5.371) | 0.101*** (5.855) | 0.069*** (4.023) | 0.090*** (5.436) | 0.103*** (5.956) | 0.070*** (4.065) |
| Lev | 0.084 (1.031) | 0.104 (1.223) | 0.067 (0.790) | 0.065 (0.792) | 0.079 (0.930) | 0.052 (0.609) |
| ROA | 0.269 (0.974) | −0.130 (−0.451) | 0.403 (1.402) | 0.343 (1.242) | −0.041 (−0.141) | 0.463 (1.612) |
| Top1 | 0.020 (0.187) | 0.154 (1.403) | −0.055 (−0.504) | −0.011 (−0.105) | 0.112 (1.024) | −0.079 (−0.719) |
| Bdind | −1.021*** (−3.766) | −1.079*** (−3.821) | −0.803*** (−2.852) | −1.040*** (−3.836) | −1.102*** (−3.906) | −0.818*** (−2.904) |
| Manage | −0.392* (−1.783) | −0.376 (−1.644) | −0.428* (−1.874) | −0.294 (−1.346) | −0.255 (−1.122) | −0.350 (−1.538) |
| Ocash | 0.017 (0.075) | 0.009 (0.038) | 0.102 (0.436) | −0.008 (−0.035) | −0.020 (−0.085) | 0.081 (0.348) |
| Growth | −0.063** (−2.297) | −0.066** (−2.309) | −0.056** (−1.983) | −0.059** (−2.167) | −0.061** (−2.150) | −0.053* (−1.885) |
| Age | 0.005 (0.192) | 0.012 (0.490) | 0.003 (0.107) | −0.002 (−0.085) | 0.003 (0.124) | −0.002 (−0.093) |
| SOE | 0.004 (0.115) | 0.053 (1.384) | −0.015 (−0.388) | 0.006 (0.159) | 0.051 (1.351) | −0.012 (−0.327) |
| _cons | −0.510*** (−2.761) | −0.405** (−2.103) | −0.544*** (−2.836) | −0.536*** (−2.886) | −0.455** (−2.352) | −0.559*** (−2.898) |
| Year | Yes | Yes | Yes | Yes | Yes | Yes |

续表

| Variable | (1)<br>EGI | (2)<br>EGPI | (3)<br>EGOI | (4)<br>EGI | (5)<br>EGPI | (6)<br>EGOI |
|---|---|---|---|---|---|---|
| Industry | Yes | Yes | Yes | Yes | Yes | Yes |
| N | 3438 | 3438 | 3438 | 3438 | 3438 | 3438 |
| adj. $R^2$ | 0.324 | 0.267 | 0.269 | 0.323 | 0.267 | 0.268 |
| F | 75.736 | 57.765 | 58.451 | 75.624 | 58.015 | 58.315 |

注：*、**、*** 分别表示在 10%、5% 和 1% 的水平上显著。括号内数值为 T 值。

**表 7-10　替换被解释变量衡量方式**

| Variable | (1)<br>EGI_ln | (2)<br>EGPI_ln | (3)<br>EGOI_ln | (4)<br>EGI_ln | (5)<br>EGPI_ln | (6)<br>EGOI_ln |
|---|---|---|---|---|---|---|
| T_P_number | 0.060***<br>(3.700) | 0.068***<br>(4.410) | 0.048***<br>(2.928) | | | |
| T_P_degree | | | | 0.047***<br>(3.247) | 0.055***<br>(4.000) | 0.039***<br>(2.656) |
| Lag_EGI_ln | 0.512***<br>(33.237) | | | 0.513***<br>(33.312) | | |
| Lag_EGPI_ln | | 0.467***<br>(30.559) | | | 0.468***<br>(30.640) | |
| Lag_EGOI_ln | | | 0.426***<br>(24.978) | | | 0.426***<br>(24.998) |
| Size | 0.095***<br>(4.772) | 0.092***<br>(4.906) | 0.090***<br>(4.547) | 0.094***<br>(4.746) | 0.092***<br>(4.876) | 0.090***<br>(4.532) |
| Lev | 0.001<br>(0.015) | 0.008<br>(0.084) | 0.079<br>(0.809) | 0.002<br>(0.016) | 0.008<br>(0.092) | 0.080<br>(0.814) |
| ROA | -0.452<br>(-1.371) | -0.436<br>(-1.400) | -0.150<br>(-0.453) | -0.448<br>(-1.356) | -0.432<br>(-1.387) | -0.148<br>(-0.446) |
| Top1 | 0.098<br>(0.777) | 0.178<br>(1.503) | -0.084<br>(-0.667) | 0.097<br>(0.769) | 0.177<br>(1.492) | -0.085<br>(-0.672) |
| Bdind | -1.080***<br>(-3.340) | -1.116***<br>(-3.652) | -0.776**<br>(-2.393) | -1.084***<br>(-3.349) | -1.119***<br>(-3.661) | -0.779**<br>(-2.400) |
| Manage | -1.111***<br>(-4.237) | -0.869***<br>(-3.517) | -1.155***<br>(-4.396) | -1.094***<br>(-4.175) | -0.853***<br>(-3.452) | -1.144***<br>(-4.356) |
| Ocash | 0.295<br>(1.102) | 0.112<br>(0.443) | 0.424<br>(1.580) | 0.295<br>(1.100) | 0.113<br>(0.447) | 0.425<br>(1.582) |

续表

| Variable | (1) EGI_ln | (2) EGPI_ln | (3) EGOI_ln | (4) EGI_ln | (5) EGPI_ln | (6) EGOI_ln |
|---|---|---|---|---|---|---|
| Growth | -0.116 *** | -0.085 *** | -0.093 *** | -0.116 *** | -0.085 *** | -0.093 *** |
| | (-3.569) | (-2.773) | (-2.854) | (-3.550) | (-2.753) | (-2.843) |
| Age | 0.022 | 0.045 | -0.010 | 0.022 | 0.044 | -0.010 |
| | (0.781) | (1.643) | (-0.353) | (0.778) | (1.634) | (-0.356) |
| SOE | 0.069 | 0.070 * | 0.028 | 0.072 * | 0.073 * | 0.030 |
| | (1.580) | (1.709) | (0.648) | (1.654) | (1.776) | (0.698) |
| _cons | 0.620 *** | 0.485 ** | 0.123 | 0.635 *** | 0.499 ** | 0.134 |
| | (2.812) | (2.332) | (0.559) | (2.879) | (2.402) | (0.606) |
| Year | Yes | Yes | Yes | Yes | Yes | Yes |
| Industry | Yes | Yes | Yes | Yes | Yes | Yes |
| N | 3438 | 3438 | 3438 | 3438 | 3438 | 3438 |
| adj. $R^2$ | 0.353 | 0.325 | 0.258 | 0.352 | 0.324 | 0.258 |
| F | 86.243 | 76.089 | 55.389 | 86.021 | 75.856 | 55.295 |

注: * 、 ** 、 *** 分别表示在10%、5%和1%的水平上显著。括号内数值为 T 值。

## 五、其他稳健性检验

为控制目标企业环境处罚与其他企业环境治理之间在地区层面的影响因素以及其他企业环境治理指标潜在的组内自相关问题，本书在控制变量中新增了地区固定效应，同时又在控制地区固定效应的基础上进行了公司聚类回归，结果如表 7-11 所示。其所有结果均与表 7-5 结果类似，支持前文主回归结论。

表 7-11　控制地区效应和公司聚类的回归

| Variable | (1) EGI | (2) EGPI | (3) EGOI | (4) EGI | (5) EGPI | (6) EGOI |
|---|---|---|---|---|---|---|
| T_P_number | 0.054 *** | 0.064 *** | 0.047 *** | | | |
| | (4.349) | (4.379) | (3.787) | | | |
| T_P_degree | | | | 0.048 *** | 0.055 *** | 0.043 *** |
| | | | | (4.338) | (4.256) | (3.857) |
| Lag_EGI | 0.468 *** | | | 0.468 *** | | |
| | (14.324) | | | (14.336) | | |

续表

| Variable | （1）<br>EGI | （2）<br>EGPI | （3）<br>EGOI | （4）<br>EGI | （5）<br>EGPI | （6）<br>EGOI |
|---|---|---|---|---|---|---|
| Lag_EGPI | | 0.451 *** | | | 0.451 *** | |
| | | （14.720） | | | （14.768） | |
| Lag_EGOI | | | 0.376 *** | | | 0.376 *** |
| | | | （9.658） | | | （9.659） |
| Size | 0.092 *** | 0.102 *** | 0.074 *** | 0.092 *** | 0.102 *** | 0.074 *** |
| | （4.683） | （5.037） | （3.688） | （4.668） | （5.018） | （3.674） |
| Lev | 0.079 | 0.098 | 0.060 | 0.081 | 0.100 | 0.062 |
| | （1.028） | （1.181） | （0.758） | （1.051） | （1.201） | （0.783） |
| ROA | 0.336 | −0.024 | 0.451 * | 0.334 | −0.024 | 0.449 * |
| | （1.343） | （−0.086） | （1.843） | （1.336） | （−0.088） | （1.834） |
| Top1 | −0.023 | 0.124 | −0.096 | −0.024 | 0.122 | −0.097 |
| | （−0.200） | （0.976） | （−0.867） | （−0.210） | （0.966） | （−0.876） |
| Bdind | −1.033 *** | −1.118 *** | −0.792 *** | −1.033 *** | −1.119 *** | −0.792 *** |
| | （−4.231） | （−4.387） | （−3.118） | （−4.228） | （−4.389） | （−3.115） |
| Manage | −0.362 * | −0.406 * | −0.364 ** | −0.355 * | −0.397 * | −0.360 ** |
| | （−1.855） | （−1.809） | （−2.206） | （−1.820） | （−1.766） | （−2.176） |
| Ocash | −0.045 | −0.067 | 0.067 | −0.041 | −0.063 | 0.071 |
| | （−0.220） | （−0.297） | （0.339） | （−0.202） | （−0.282） | （0.358） |
| Growth | −0.060 ** | −0.063 ** | −0.055 ** | −0.060 ** | −0.063 ** | −0.055 ** |
| | （−2.566） | （−2.491） | （−2.237） | （−2.557） | （−2.478） | （−2.231） |
| Age | 0.004 | 0.006 | 0.006 | 0.004 | 0.005 | 0.006 |
| | （0.149） | （0.213） | （0.200） | （0.142） | （0.204） | （0.195） |
| SOE | 0.019 | 0.076 * | −0.006 | 0.019 | 0.077 * | −0.006 |
| | （0.447） | （1.770） | （−0.131） | （0.455） | （1.797） | （−0.134） |
| _cons | −0.680 *** | −0.516 ** | −0.726 *** | −0.674 *** | −0.507 ** | −0.723 *** |
| | （−3.258） | （−2.196） | （−3.481） | （−3.231） | （−2.157） | （−3.463） |
| Year | Yes | Yes | Yes | Yes | Yes | Yes |
| Industry | Yes | Yes | Yes | Yes | Yes | Yes |
| Province | Yes | Yes | Yes | Yes | Yes | Yes |
| N | 3438 | 3438 | 3438 | 3438 | 3438 | 3438 |
| adj. R² | 0.323 | 0.271 | 0.267 | 0.323 | 0.270 | 0.267 |
| F | 14.669 | 14.763 | 8.147 | 14.598 | 14.639 | 8.160 |

注：*、**、***分别表示在10%、5%和1%的水平上显著。括号内数值为 T 值。

# 第六节　本章小结

　　本章基于政府环境执法层面，从环境治理过程和结果的双重维度视角分析了目标企业环境处罚对其他企业环境治理的影响，并以 2012~2018 年沪深 A 股重污染行业上市公司中的未被环境处罚的其他企业为研究样本。结果发现，目标企业环境处罚频次和环境处罚力度均能显著正向影响其他企业的环境治理及其过程维度和结果维度，表明了目标企业环境处罚的一般威慑效应。本章还进行了较多的稳健性检验，包括解释变量滞后一期回归、工具变量两阶段回归、Heckman 两步估计法回归、替换变量衡量方式以及其他稳健性检验，发现其主要研究结论保持不变。本章结论表明，除了环境处罚对目标企业具有的特殊威慑效应之外，环境处罚还对同行业其他企业的环境治理具有一般威慑效应，也即是环境处罚在行业内还具有传染效应。

# 第八章　结论、启示、局限性与未来研究方向

## 第一节　研究结论与启示

本书以中国政府的环境执法为研究背景，以 2012～2018 年沪深 A 股重污染行业的上市公司为研究样本，利用环境处罚的广度和深度两个层面将环境处罚细分为环境处罚频次和环境处罚力度两个维度，分别检验了环境处罚频次和环境处罚力度对企业新增银行借款、企业税负、目标企业环境治理和其他企业环境治理四类行为的经济后果。主要研究结论如下：

第一，关于环境处罚对企业新增银行借款的影响分析，本书发现，环境处罚频次和环境处罚力度均能显著负向影响企业新增银行借款，即环境处罚的频次越多以及处罚力度越大，越能够降低企业新增银行借款，表明了环境处罚对于企业新增银行借款具有"融资惩罚效应"；在进行了一系列的稳健性检验后，发现其主要研究结论保持不变。此外，异质性分析发现，环境处罚对于企业新增银行借款的"融资惩罚效应"主要体现在企业规模较大组和企业外部信息环境较好组。进一步分析发现，环境处罚频次和环境处罚力度对企业新增银行借款的负向影响同时源于企业新增的短期银行借款和长期银行借款规模的减少，并且相比同期的负面影响，环境处罚对企业新增银行借款的滞后一期影响更为显著。此外，在环境处罚的当期，环境处罚频次会显著增加企业商业信用融资，而且在环境处罚的当期和下期，环境处罚频次和环境处罚力度还会进一步加剧企业融资约束程度。

第二，关于环境处罚对企业税负的影响分析，本书发现，环境处罚频次和环境处罚力度均能显著正向影响企业税负，表明环境处罚的频次越多以及处罚力度越大，企业承担的税负水平越高；在进行了一系列的稳健性检验后，发现

其主要研究结论保持不变。异质性分析发现，环境处罚对企业税负的"税收惩罚效应"主要体现在企业规模较大组和企业外部信息环境较好组。进一步分析发现，环境处罚频次和环境处罚力度对企业整体税负的正向影响主要源于企业税费支付的显著增加，虽然环境处罚频次和环境处罚力度降低了企业税费返还，但这种影响不是主要作用。从不同税种的作用来看，环境处罚对企业税负的影响主要是源于企业所得税税负的增加。此外，除了企业税费支付率的增加和企业所得税税负的增加这两个直接影响路径之外，企业新增银行借款规模的降低也是间接影响环境处罚和企业税负之间关系的影响机制，即企业新增银行借款的税盾效应在环境处罚和企业税负之间发挥了中介作用。

第三，关于环境处罚对目标企业环境治理的影响分析，本书发现，环境处罚频次和环境处罚力度均能显著正向影响目标企业的环境治理及其过程维度和结果维度，表明了环境处罚的特殊威慑效应；在进行了一系列的稳健性检验后，发现其主要研究结论保持不变。异质性分析发现，环境处罚频次和环境处罚力度对企业环境治理及其过程维度和结果维度的促进作用仅在融资约束程度较低组、地区环境污染程度较高组和行业竞争程度较高组显著，进一步分析表明，在环境处罚威慑企业进行环境治理之后，企业环境治理及其过程维度和结果维度还显著促进了企业下期的绿色创新水平，尤其是绿色发明创新。

第四，关于环境处罚对其他企业环境治理的影响分析，本书发现，目标企业环境处罚频次和环境处罚力度均能显著正向影响其他企业的环境治理及其过程维度和结果维度，表明了目标企业环境处罚的一般威慑效应；在进行了一系列的稳健性检验后，发现其主要研究结论保持不变。本章结论表明，除了环境处罚对目标企业具有的特殊威慑效应之外，环境处罚还对同行业其他企业的环境治理具有一般威慑效应，也即是环境处罚在行业内还具有传染效应。

综上所述，本书结论表明，环境处罚事件具有明显的信息含量，传递了企业前景的负面信息，暴露了企业环境风险和经营风险，不仅引发了银行对于企业新增银行借款的"惩罚效应"，也引发了税务部门对于企业税负的"惩罚效应"，最终环境处罚的特殊威慑效应与"融资惩罚效应""税收惩罚效应"形成联动效应，共同促进目标企业进行环境治理，并且目标企业环境处罚对于其他企业的环境治理还发挥了一般威慑效应。

本书研究为政府环境监管和执法、银行信贷、税务部门以及企业环境治理等多方面都提供了一定启示：

首先，对于政府环境监管和执法方面的启示。政府对企业实施的环境处罚给企业造成了一系列负面经济后果，这些经济后果表明，政府环境执法本身以及其与银行业绿色信贷政策、税务部门环保产业税收优惠政策的联合都产生了一定成效，所以政府环保部门需要持续与银行业、税务部门合作，通过命令控制型环境规制和市场激励型环境规制共同形成对企业环境违规行为的联合抵御效应以及对企业环境治理的长期激励效应。同时在对企业进行环境处罚之后，政府的监管和执法部门应及时且多渠道地披露企业的环境处罚信息，以便银行信贷部门和税务部门能够尽快悉数获取，防止违规企业逃避相应责任。此外，政府部门还应对企业环境治理建立执法和督查并行的长效机制，虽然环境处罚能够对企业产生特殊威慑和一般威慑效应，但如果让威慑效应能够持久有效，还需要政府部门对目标企业的长期督查，进而不断增加企业对违规处罚的威胁感知。

其次，对于银行信贷方面的启示。在受到环境处罚后，企业从银行信贷部门获得的银行借款规模明显下降，说明银行部门能够根据政府环境执法情况有效识别污染违规企业以及企业活动中涉及的环境风险，并遵循绿色信贷要求对这类企业借款进行了"融资惩罚"。但尽管如此，在异质性分析中发现，环境处罚对于企业新增银行借款的"融资惩罚效应"主要体现在企业规模较大组和企业外部信息环境较好组。可见，在不同产权性质和不同企业规模中，银行信贷部门对企业环境处罚信息的获取和处理是有差异的，尤其是对于规模较小的企业和外部信息环境较差的企业而言，环境处罚对企业新增银行借款并无显著的影响，这也从侧面说明银行信贷部门并未获取到这类企业的环境处罚信息。因此，本书建议银行信贷部门需要加大对这类企业的环境风险信息的收集和获取力度，以便及时有效地基于绿色信贷政策对违规企业进行"融资惩罚"。

再次，对于税务部门的启示。企业在受到环境处罚后，企业承担的税负水平明显上升，说明税务部门也能够根据政府环境执法情况有效识别违规受罚企业以及企业环境风险，并对这类企业进行了"税收惩罚"。但尽管如此，在异质性分析中发现，环境处罚对企业税负的"税收惩罚效应"主要体现在企业规模较大组和外部信息环境较好组，可见，在不同企业规模和不同的外部信息环境中，税务部门对企业环境处罚信息的获取和处理也是有差异的，尤其是对于企业规模较小的企业和外部信息环境较差的企业而言，环境处罚对企业税负并无显著的影响，这也从侧面说明税务部门并未获取到这类企业的环境处罚信息。因此，本书建议税务部门需要增加对这类企业的环境风险信息的收集和获取，以便及时有效地基于环保产业税收优惠政策对违规企业进行"税收惩罚"。

最后，在企业环境治理方面，企业应当自觉改善环境治理，减少被环境处罚的概率，因为环境处罚事件会直接损害企业银行贷款融资并增加税收负担，这些后果和环境处罚事件本身还可能间接导致企业在经营方面的其他不利影响。所以目标企业需要自觉改善环境治理以降低未来再次被处罚的概率，而其他企业需要自觉改善环境治理以避免被处罚的事件发生。此外，企业不能仅追求结果维度的环境治理来满足环境规制要求，因为这种行为不能从根源和从长远上改善环境治理，并且企业进行环境治理能够促进企业绿色创新产出水平，进一步肯定了政府实施环境处罚的成效和企业环境治理的意义和价值。总之，本书建议政府、资本市场和企业共同努力并创造良好的环境治理体系。

# 第二节　局限性与未来研究方向

本书研究也存在一定的不足之处，例如对于企业环境治理过程和结果指标的衡量，由于缺乏第三方公开可获得的数据，基于上市公司年报手工收集了环境治理方面的信息，并对环境治理过程和治理结果进行评分和量化，但这种方式可能也不能完全反映企业真实的环境治理情况。关于未来的研究方向，本书认为，还可以在政府环境处罚不同层面和企业环境治理不同维度的基础上进行更多后续的研究，发掘更多有新意的研究视角，将政府环境处罚和企业环境治理分别与潜在的利益相关者行为进行关联分析，还可以拓展环境会计领域与其他领域的交叉研究。例如，政府环境处罚是否会影响审计师对企业出具的审计意见，环境处罚是否会影响企业的盈余管理行为，环境处罚是否会影响企业投资行为，外部利益相关者如何评价企业环境治理的过程维度和结果维度，环境治理过程越好的企业是否会吸引更多分析师跟随，分析师是否会对更好的环境治理过程给予更高的荐股评级，机构投资者的监督是否会对环境治理过程和结果产生不同的影响等，这一系列相关问题值得进一步深究。此外，过去中国企业环境治理的相关研究缺乏，很大原因是其数据获取受限（沈洪涛和周艳坤，2017），需要拓展数据获取的来源，希望有更多的第三方平台可以收集并整理相关数据。

# 参考文献

［1］ Adhikari A, C Derashid, H Zhang. Public Policy, Political Connections, and Effective Tax Rates: Longitudinal Evidence from Malaysia ［J］. Journal of Accounting & Public Policy, 2006, 25（5）: 574-595.

［2］ Andarge T, E Lichtenberg. Regulatory Compliance Under Enforcement Gaps ［J］. Journal of Regulatory Economics, 2020, 57（1）: 181-202.

［3］ Armstrong C S, J L Blouin, A D Jagolinzer, D F Larcker. Corporate Governance, Incentives, and Tax Avoidance ［J］. Journal of Accounting and Economics, 2015, 60（1）: 1-17.

［4］ Beasley M S, N C Goldman, C Lewellen, M McAllister. Board Risk Oversight and Corporate Tax-planning Practices ［J］. Journal of Management Accounting Research, 2021, 33（1）: 7-32.

［5］ Berkman H, J Jona, N Soderstrom. Firm-Specific Climate Risk and Market Valuation ［R］. Working Paper, 2019. Available at SSRN: https://ssrn.com/abstract=2775552.

［6］ Bharath S T, J Sunder, S V Sunder. Accounting Quality and Debt Contracting ［J］. The Accounting Review, 2008, 83（1）: 1-28.

［7］ Bird A, A Edwards, T G Ruchti. Taxes and Peer Effects ［J］. The Accounting Review, 2018, 93（5）: 97-117.

［8］ Blanco E, J Rey-Maquieira, J Lozano. The Economic Impacts of Voluntary Environmental Performance of Firms: A Critical Review ［J］. Journal of Economic Surveys, 2009, 23（3）: 462-502.

［9］ Bradshaw M, G Liao, M Ma. Agency Costs and Tax Planning When the Government is a Major Shareholder ［J］. Journal of Accounting and Economics, 2019, 67（2）: 255-277.

［10］ Bushman R M, J D Piotroski, A J Smith. What Determines Corporate Transparency? ［J］. Journal of Accounting Research, 2004, 42（2）: 207-252.

[11] Chen, S, X Chen, Q Cheng, T Shevlin. Are Family Firms More Tax Aggressive Than Non-Family Firms? [J]. Journal of Financial Economics, 2010 (95): 41-61.

[12] Cho C H, D M Patten. The Role of Environmental Disclosures as Tools of Legitimacy: A Research Note [J]. Accounting Organizations & Society, 2007, 32 (7): 639-647.

[13] Cho C H. Legitimation Strategies Used in Response to Environmental Disaster: A French Case Study of Total SA's Erika and AZF Incidents [J]. European Accounting Review, 2009, 18 (1): 33-62.

[14] Chyz J A. Personally Aggressive Executives and Corporate Tax Sheltering [J]. Journal of Accounting and Economics, 2013, 56 (2): 311-328.

[15] Clarkson P M, Y Li, G Richardson, F Vasvari. Revisiting The Relation between Environmental Performance and Environmental Disclosure: An Empirical Analysis [J]. Accounting, Organizations and Society, 2008, 33 (4): 303-327.

[16] Clarkson P, Y Li, G D Richardson. The Market Valuation of Environmental Capital Expenditures by Pulp and Paper Companies [J]. The Accounting Review, 2004, 79 (2): 329-354.

[17] Cohen M A. Environmental crime and Punishment: Legal/Economic Theory and Empirical Evidence on Enforcement of Federal Environmental Statutes [J]. Journal of Criminal Law & Criminology, 1992, 82 (4): 1054-1108.

[18] Crafts N. Regulation and Productivity Performance [J]. Oxford Review of Economic Policy, 2006, 22 (2): 186-202.

[19] Darrell W, B N Schwartz. Environmental Disclosures and Public Policy Pressure [J]. Journal of Accounting & Public Policy, 1997, 16 (2): 125-154.

[20] De Castro G M, J E N Lopez, P L Saez. Business and Social Reputation: Exploring the Concept and Main Dimensions of Corporate Reputation [J]. Journal of Business Ethics, 2006, 63 (4): 361-370.

[21] Deegan C, B Gordon. A Study of The Environmental Disclosure Practices of Australian Corporations [J]. Accounting & Business Research, 1996, 26 (3): 187-199.

[22] Deily M E, W B Gray. Enforcement of Pollution Regulations in A Declining Industry [J]. Journal of Environmental Economics & Management, 1991, 21 (3): 260-274.

[23] Deily M E, W B Gray. Agency Structure and Firm Culture: OSHA, EPA,

and the Steel Industry [J]. Journal of Law & Economics, 2007 (23): 685-709.

[24] Delmas M A, D Etzion, N Nairn-Birch. Triangulating Environmental Performance: What Do Corporate Social Responsibility Ratings Really Capture? [J]. Academy of Management Perspectives, 2013, 27 (3): 255-267.

[25] Derashid C, H Zhang. Effective Tax Rates and The "Industrial Policy" Hypothesis: Evidence from Malaysia [J]. Journal of International Accounting, Auditing and Taxation, 2003, 12 (2): 45-62.

[26] Desai M, D Dharmapala. Corporate Tax Avoidance and High-Powered Incentives [J]. Journal of Financial Economics, 2006 (79): 145-179.

[27] Desai M, D Dharmapala. Tax and Corporate Governance: An Economic Approach [J]. 2007, Available at SSRN: https://ssrn.com/abstract=983563.

[28] Desai M, I Dyck, L Zingales. Theft and Taxes [J]. Journal of Financial Economics, 2007 (84): 591-623.

[29] DiMaggio P J, W W Powell. The Iron Cage Revisited: Institutional Isomorphism and Collective Rationality in Organizational Fields [J]. American Sociological Review, 1983, 48 (2): 147-160.

[30] Du X, W Jian, Q Zeng. Corporate Environmental Responsibility in Polluting Industries: Does Religion Matter? [J]. Journal of Business Ethics, 2014, 124 (3): 485-507.

[31] Dyck A, K V Lins, L Roth, H F Wagner. Do Institutional Investors Drive Corporate Social Responsibility? International Evidence [J]. Journal of Financial Economics, 2019 (131): 693-714.

[32] Dyreng S D, M Hanlon, E L Maydew. The Effects of Executives on Corporate Tax Avoidance [J]. The Accounting Review, 2010, 85 (4): 1163-1189.

[33] Earnhart D. Panel data Analysis of Regulatory Factors Shaping Environmental Performance [J]. Review of Economics and Statistics, 2004 (86): 391-401.

[34] Eastman E M, A C Ehinger, J Xu. Enterprise Risk Management and Corporate Tax Avoidance [EB/OL]. 2020, https://ssrn.com/abstract=3717865.

[35] Edwards A, C Schwab, T Shevlin. Financial Constraints and Cash Tax Savings [J]. The Accounting Review, 2016, 91 (3): 859-881.

[36] Eisenmann T R. The Effects of CEO Equity Ownership and Firm Diversification on Risk Taking [J]. Strategic Management Journal, 2002, 23 (6): 513-534.

[37] El Ghoul S, O Guedhami, H Kim, K Park. Corporate Environmental Re-

sponsibility and The Cost of Capital: International Evidence [J]. Journal of Business Ethics, 2018, 149 (2): 335-361.

[38] Endrikat J. Market Reactions to Corporate Environmental Performance Related Events: A Meta-Analytic Consolidation of The Empirical Evidence [J]. Journal of Business Ethics, 2016, 138 (3): 535-548.

[39] Erhemjamts O, K Huang. Institutional Ownership Horizon, Corporate Social Responsibility and Shareholder Value [J]. Journal of Business Research, 2019 (105): 61-79.

[40] Francis J, R Lafond, P Olsson, K Schipperc. The Market Pricing of Accrual Quality [J]. Journal of Accounting and Economics, 2005, 39 (2): 295-327.

[41] Freeman R E. Strategic Management: A Stakeholder Approach [M]. New York: Cambridge University Press, 1984.

[42] Giannetti M. Do Better Institutions Mitigate Agency Problems? Evidence from Corporate Finance Choices [J]. Journal of Financial and Quantitative Analysis, 2003 (38): 185-212.

[43] Gibbs J P. Deterrence Theory and Research, in G. MELTON (ed.), Law As A Behavioral Instrument [N]. Lincoln: University of Nebraska Press, 1986.

[44] Gibbs J P. Deterrence Tteory and Research [J]. Nebraska Symposium on Motivation, 1986 (33): 87-130.

[45] Glicksman R L, D H Earnhart. Comparative Effectiveness of Government Interventions on Environmental Performance in The Chemical Industry [J]. Stanford Environmental Law Journal, 2007, 26 (2): 317-371.

[46] Goodstein J, K D Butterfeld. Extending The Horizon of Business Ethics: Restorative Justice and The Aftermath of Unethical Behavior [J]. Business Ethics Quarterly, 2010, 20 (3): 453-480.

[47] Grappi S, S Romani, R P Bagozzi. Consumer Response to Corporate Irresponsible Behavior: Moral Emotions and Virtues [J]. Journal of Business Research, 2013, 66 (10): 1029-1042.

[48] Gray W B, R J Shadbegian. When and Why Do Plants Comply? Paper Mills in the 1980s [J]. Law & Policy, 2005, 27 (2): 238-261.

[49] Gray W B, J P Shimshack. The Effectiveness of Environmental Monitoring and Enforcement: A Review of The Empirical Evidence [J]. Review of Environmental Economics and Policy, 2011 (5): 3-24.

［50］ Guenther E, H Hoppe. Merging Limited Perspectives: A Synopsis of Measurement Approaches and Theories of The Relationship Between Corporate Environmental and Financial Performance ［J］. Journal of Industrial Ecology, 2014, 18 （1）: 689-707.

［51］ Guo P. Business Strategy and Intra-Industry Information Transfers ［J］. Accounting and Finance Research, 2017, 6 （3）: 1-9.

［52］ Gupta S, K Newberry. Determinants of The Variability in Corporate Effective Tax Rates: Evidence From Longitudinal Data ［J］. Journal of Accounting and Public Policy, 1997, 16 （1）: 1-34.

［53］ Haddock-Fraser J E, M Tourelle. Corporate Motivations for Enviro-nmental Sustainable Development: Exploring The Role of Consumers in Stakeholder Engagement ［J］. Business Strategy and the Environment, 2010, 19 （8）: 527-542.

［54］ Hanlon M, E L Maydew, T Shevlin. An Unintended Consequence of Book-tax Conformity: A Loss of Earnings Informativeness ［J］. Journal of Accounting & Economics, 2009, 46 （2）: 294-311.

［55］ Hanlon M, S Heitzman. A Review of Tax ［J］. Journal of Accounting and Economics, 2010 （50）: 127-178.

［56］ Harrington D R. Effectiveness of State Pollution Prevention Programs and Policies ［J］. Contemporary Economic Policy, 2013, 31 （2）: 255-278.

［57］ Harrington W. Enforcement Leverage When Penalties Are Restricted ［J］. Journal of Public Economics, 1988, 37 （1）: 29-53.

［58］ Hart S L, G Ahuja. Does It Pay To Be Green? An Empirical Examination of the Relationship Between Emission Reduction and Firm Performance ［J］. Business Strategy Environment, 1996, 5 （1）: 30-37.

［59］ Hartmann J, K Uhlenbruck. National Institutional Antecedents to Corporate Environmental Performance ［J］. Journal of World Business, 2015, 50 （4）: 729-741.

［60］ Hong H, M Kacperczyk. The Price of Sin: The Effects of Social Norms on Markets ［J］. Journal of Financial Economics, 2009, 93 （1）: 15-36.

［61］ Howe J S, E Unlu, X S Yan. The Predictive Content of Aggregate Analyst Recommendations ［J］. Journal of Accounting Research, 2009, 47 （3）: 799-821.

［62］ Jerold L. Zimmerman. Taxes and Firm Size ［J］. Journal of Accounting & Economics, 1983 （5）: 119-149.

［63］Jones T M. Instrumental Stakeholder Theory: A Synthesis of Ethics and Economics ［J］. Academy of Management Review, 1995, 20（2）: 404-437.

［64］Karpoff J M, J R Lott, E W Wehrly. The Reputational Penalties for Environmental Violations: Empirical Evidence ［J］. The Journal of Law and Economics, 2005, 48（2）: 653-675.

［65］Khairollahi F, F Shahveisi, A Vafaei, F Shahveisi. From Lran: Does Improvement in Corporate Environmental Performance Affect Corporate Risk Taking? ［J］. Environmental Quality Management, 2016, 25（4）: 17-33.

［66］Kim Y, M Statman. Do Corporations Invest Enough Inenvironmental Responsibility? ［J］. Journal of Business Ethics, 2012, 105（1）: 115-129.

［67］Kleit A N, M A Pierce, R C Hill. Environmental Protection, Agency Motivations, And Rent Extraction: The Regulation of Water Pollution in Louisiana ［J］. Journal of Regulatory Economics, 1998, 13（2）: 121-137.

［68］Konar S, M A Cohen. Does the Market Value Environmental Performance? ［J］. Review of Economics and Statistics, 2001（83）: 281-289.

［69］Wang L C, Y Zhu. Green Credit Policy and the Maturity of Corporate Debt ［C］. Proceedings of the Tenth International Conference on Management Science and Engineering Management, Baku, 2017: 1709-1717.

［70］Laplante B, P Rilstone. Environmental Inspections and Emissions of the Pulp and Paper Industry in Quebec ［J］. Journal of Environmental Economics and Management, 1996（31）: 19-36.

［71］Lee G, X Xiao. Voluntary Engagement in Environmental projects: Evidence From Environmental Violators ［J］. Journal of Business Ethics, 2020, 164（2）: 325-348.

［72］Leiter A M, A Parolini, H Winner. Environmental Regulation and Investment: Evidence from European Industry Data ［J］. Ecological Economics, 2011, 70（4）: 759-770.

［73］Lemmon M, M R Roberts. The Response of Corporate Financing and Investment to Changes in the Supply of Credit ［J］. Journal of Financial and Quantitative Analysis, 2010, 45（3）: 555-588.

［74］Lim J. The Impact of Monitoring and Enforcement on Air Pollutant Emissions ［J］. Journal of Regulatory Economics, 2016, 49（2）: 203-222.

［75］Limpaphayom K P. Taxes and Firm Size in Pacific-Basin Emerging Economies [J]. Journal of International Accounting, Auditing and Taxation, 1998, 7 (1): 47-63.

[76] Lin H, S Zeng, L Wang, H Zou, H Ma. How Does Environmental Irresponsibility Impair Corporate Reputation? A Multi-Method Investigation [J]. Corporate Social Responsibility and Environmental Management, 2016, 23 (6): 413-423.

[77] Lynch M J, K L Barrett, P B Stretesky, M A Long. The Weak Probability of Punishment for Environmental Offenses and Deterrence of Environmental Offenders: A Discussion Based on Usepa Criminal Cases, 1983-2013 [J]. Deviant Behavior, 2016, 37 (10): 1095-1109.

[78] Magat W A, Viscusi W K. Effectiveness of the EPA's Regulatory Enforcement: The Case of Industrial Effluent Standards [J]. Journal of Law & Economics, 1990 (33): 331-360.

[79] Matsumura E M, Prakash R, Vera-Muňoz S C. Firm-Value Effects of Carbon Emissions and Carbon Disclosures [J]. The Accounting Review, 2014, 89 (2): 695-724.

[80] Melo T, A Garrido-Morgado. Corporate Reputation: A Combination of Social Responsibility and Industry [J]. Corporate Social Responsibility and Environmental Management, 2012, 19 (1): 11-31.

[81] Miao S, et al. Empirical Research of Influencing Factors on the Actual Tax Burden: A-share Listed Companies in Automotive Manufacturing Industry of China [C]. Proceedings of the 5th International Symposium for Corporation Goverance, 2009 (9): 5-6.

[82] Miller A. What Makes Companies Behave? An Analysis of Criminal and Civil Penalties Under Environmental Law [R/OL]. Working Paper, 2005, Available at SSRN: http://papers.ssrn.com/sol3/papers.cfm? abstract_id=471841.

[83] Misani N, S Pogutz. Unraveling The Effects of Environmental Outcomes and Processes on Financial Performance: A Non-Linear Approach [J]. Ecological Economics, 2015, 109 (1): 150-160.

[84] Nadeau L W. EPA Effectiveness At Reducing The Duration of Plant-Level Noncompliance [J]. Journal of Environmental Economics & Management, 1997, 34 (1): 54-78.

[85] Omer T C, K H Molloy, D A Ziebart. An Investigation of The Firm Size-Effective Tax Rate Relation in the 1980s [J]. Journal of Accounting, Auditing and

Finance, 1993, 8 (2): 167-182.

[86] Omer T C, K H Molloy, D A Ziebart. Measurement of Effective Corporate Tax Rates Using Financial Statement Information [J]. Journal of the American Taxation Association, 2001, 13 (1): 57-72.

[87] Patten D M, G Trompeter. Corporate Responses to Political Costs: An Examination of the Relation Between Environmental Disclosure and Earnings Management [J]. Journal of Accounting and Public Policy, 2003, 22 (1): 83-94.

[88] Patten D M. The Relation Between Environmental Performance and Environmental Disclosure: A Research Note [J]. Accounting, Organizations and Society, 2002, 27 (8): 763-773.

[89] Petersen F M A. Does The Source of Capital Affect Capital Structure? [J]. Review of Financial Studies, 2006, 19 (1): 45-79.

[90] Peyer U T. Vermaelen. Political Affiliation and Dividend Tax Avoidance: Evidence from The 2013 Fiscal Cliff [J]. Journal of Empirical Finance, 2016 (35): 136-149.

[91] Phillips J. Corporate Tax-planning Effectiveness: The Role of Compensation-Based Incentives [J]. The Accounting Review, 2003 (78): 847-874.

[92] Porter M E, Van der Linde C. Toward A New Conception of The Environment-Competitiveness Relationship [J]. Journal of Economic Perspectives, 1995, 9 (4): 97-118.

[93] Prechel H, L Zheng. Corporate Characteristics, Political Embeddedness and Environmental Pollution by Large US Corporations [J]. Social Forces, 2012, 90 (3): 947-970.

[94] Rego S O, R Wilson. Equity Risk Incentives and Corporate Tax Aggressiveness [J]. Journal of Accounting Research, 2012, 50 (3): 775-810.

[95] Richardson G, R Lanis. Determinants of The Variability in Corporate Effective Tax Rates and Tax Reform: Evidence from Australia [J]. Journal of Accounting & Public Policy, 2007, 26 (6): 689-704.

[96] Rowan M B. Institutionalized Organizations: Formal Structure As Myth and Ceremony [J]. American Journal of Sociology, 1977, 83 (2): 340-363.

[97] Ruef M, W R Scott. A Multidimensional Model of Organizational Legitimacy: Hospital Survival in Changing Institutional Environments [J]. Administrative Science Quarterly, 1998, 43 (4): 877-904.

[98] Sapienza P. The Effects of Government Ownership on Bank Lending [J]. Journal of Financial Economics, 2004, 72 (2): 357-384.

[99] Schneider T E. Is There A Relation Between the Cost of Debt and Environment Performance? An Empirical Investigation of The U. S. Pulp and Paper Industry [D]. University of Waterloo, 2008.

[100] Scott R W. Institutional Theory: Contributing to A Theoretical Research Program [M] // K. G. Smith & M. A. Hitt, Great Minds in Management: The Process of Theory Development, Oxford: Oxford University Press, 2005.

[101] Shevlin T J, S Porter. The Corporate Tax Comeback in 1987: Some Further Evidence [J]. Journal of the American Taxation Association, 1992, 14 (1): 58-79.

[102] Shimshack J P, M B Ward. Regulator Reputation, Enforcement, and Environmental Compliance [J]. Journal of Environmental Economics & Management, 2005, 50 (3): 519-540.

[103] Shimshack J P. The Economics of Environmental Monitoring and Enforcement [J]. Annual Review of Resource Economics, 2014 (6): 339-360.

[104] Shimshack J P, M B Ward. Enforcement and Over-compliance [J]. Journal of Environmental Economics & Management, 2008 (55): 90-105.

[105] Shive S A, M M Forster. Corporate Governance and Pollution Externalities of Public and Private Firms [J]. Review of Financial Studies, 2020, 33 (3): 1296-1330.

[106] Siegfried J J. Effective Average U. S. Corporation Income Tax Rates [J]. National Tax Journal, 1974, 27 (2): 245-259.

[107] Sigman H. Midnight Dumping: Public Policies and Illegal Disposal of Used Oil [J]. Rand Journal of Economics, 1998, 29 (1): 157-178.

[108] Spiceland C P, L L Yang, J H Zhang. Accounting Quality, Debt Covenant Design, and The Cost of Debt [J]. Review of Quantitative Finance and Accounting, 2016, 47 (4): 1271-1302.

[109] Spooner G M. Effective Tax Rates from Financial Statements [J]. National Tax Journal, 1986 (36): 293-306.

[110] Stafford S L. Assessing The Effectiveness of State Regulation and Enforcement of Hazardous Waste [J]. Journal of Regulatory Economics, 2003, 23 (1): 27-41.

[111] Stafford S L. Can Consumers Enforce Environmental Regulations? The Role of The Market in Hazardous Waste Compliance [J]. Journal of Regulatory Economics, 2007 (31): 83-107.

[112] Stickney C P, V E Mcgee. Effective Corporate Tax Rates The Effect of Size, Capital Intensity, Leverage, and other Factors [J]. Journal of Accounting and Public Policy, 1982, 1 (2): 125-152.

[113] Stretesky P B, M A Long, M J Lynch. Does Environmental Enforcement Slow The Treadmill of Production? The Relationship between Large Monetary Penalties, Ecological Disorganization and Toxic Releases Within Offending Corporations [J]. Journal of Crime and Justice, 2013, 36 (2): 233-247.

[114] Suchman M C. Managing Legitimacy: Strategic and Institutional Approaches [J]. Academy of Management Review, 1995, 20 (3): 571-610.

[115] Taschini L, M Chesney, M Wang. Experimental Comparison between Markets on Dynamic Permit Trading and Investment in Irreversible Abatement with and Without Non-Regulated Companies [J]. Journal of Regulatory Economics, 2014, 46 (1): 23-50.

[116] Guenster N, R Bauer, J Derwall, K Koedijk. The Economic Value of Corporate Eco-Efficiency [J]. European Financial Management, 2011, 17 (4): 679-704.

[117] Thomas S, R Repetto, D Dias. Integrated Environmental and Financial Performance Metrics for Investment Analysis and Portfolio Management [J]. Corporate Governance: International Review, 2007, 15 (3): 421-426.

[118] Thompson P, C J Cowton. Bringing The Environment Into Bank Lending: Implications for Environmental Reporting [J]. British Accounting Review, 2004, 36 (2): 197-218.

[119] Thornton D, N A Gunningham, R A Kagan. General Deterrence and Corporate Environmental Behavior [J]. Law Policy, 2005 (27): 262-288.

[120] Tirodkar M. Toxic Expectations Analyst Forecasts and Firm Pollution [R/OL]. Working Paper, 2020. https://ssrn.com/abstract=3478504.

[121] Tran A V. Causes of The Book-tax Income Gap [J]. Tax Institute, 1998, 14 (3): 253-286.

[122] Trumpp C, J Endrikat, C Zopf, E Guenther. Definition, Conceptualization, Measurement of Corporate Environmental Performance: A Critical Examination

of A Multidimensional Construct [J]. Journal of Business Ethics, 2015, 126 (2): 185-204.

[123] Wagner M. The Effect of Corporate Environmental Strategy Choice and Environmental Performance on Competitiveness and Economic Performance: An Empirical Study of EU Manufacturing [J]. European Management Journal, 2004, 22 (5): 557-572.

[124] Wang R, F Wijen, P Heugens. Government's Green Grip: Multifaceted State Influence on Corporate Environmental Actions in China [J]. Strategy Management Journal, 2018 (39): 403-428.

[125] Wang Y, Y Li, Z Ma, J Song. The Deterrence Effect of A Penalty For Environmental Violation [J]. Sustainability, 2019, 11 (15): 4226.

[126] Wayne B, J Gray, P Shimshack. The Effectiveness of Environmental Monitoring and Enforcement: A Review of the Empirical Evidence [J]. Review of Environmental Economics & Policy, 2011, 5 (1): 3-24.

[127] Weber O, M Fenchel, R W Scholz. Empirical Analysis of The Integration of Environmental Risks Into the Credit Risk Management Process of European Banks [J]. Business Strategy Environment, 2008, 17 (3): 149-59.

[128] Williams K R, R Hawkins. Perceptual Research on General Deterrence: A Critical Review [J]. Law & Society Review, 1986, 20 (4): 545-572.

[129] Xu X D, S X Zeng, C M Tam. Stock Market's Reaction to Disclosure of Environmental Violations: Evidence from China [J]. Journal of Business Ethics, 2012, 107 (2): 227-237.

[130] Yoo S, J Eom, I Han. Tracing The Influence of Corporate Environmental Practices on Environmental and Financial Returns [R]. Working Paper, 2017.

[131] Zhang M, L Tong, J Su, Z Cui. Analyst Coverage and Corporate Social Performance: Evidence from China [J]. Pacific - Basin Finance Journal, 2015 (32): 76-94.

[132] Zou H, S Zeng, G Qi, P Shuai. Do Environmental Violations Affect Corporate Loan Financing? Evidence from China [J]. Human and Ecological Risk Assessment, 2017, 23 (7): 1775-1795.

[133] Zou H L, R C Zeng, S X Zeng, J J Shi. How Do Environmental Violation Events Harm Corporate Reputation? [J]. Business Strategy & the Environment, 2015, 24 (8): 836-854.

［134］包群，邵敏，杨大利．环境管制抑制了污染排放吗？［J］．经济研究，2013（12）：42-54.

［135］蔡海静，汪祥耀，谭超．绿色信贷政策、企业新增银行借款与环保效应［J］．会计研究，2019（3）：88-95.

［136］曹书军，刘星，张婉君．财政分权、地方政府竞争与上市公司实际税负［J］．世界经济，2009（4）：69-83.

［137］曹越，邱芬，鲁昱．地方政府政绩诉求、政府补助与公司税负［J］．中南财经政法大学学报，2017（2）：106-116.

［138］曹越，易冰心，胡新玉，张卓然．"营改增"是否降低了所得税税负——来自中国上市公司的证据［J］．审计与经济研究，2017，32（1）：90-103.

［139］曹越，陈文瑞，鲁昱．环境规制会影响公司的税负吗？［J］．经济管理，2017，39（7）：163-182.

［140］曾泉，杜兴强，常莹莹．宗教社会规范强度影响企业的节能减排成效吗？［J］．经济管理，2018，40（10）：29-45.

［141］常莹莹，曾泉．环境信息透明度与企业信用评级——基于债券评级市场的经验证据［J］．金融研究，2019，467（5）：132-151.

［142］陈德球，陈运森，董志勇．政策不确定性、税收征管强度与企业税收规避［J］．管理世界，2016（5）：151-163.

［143］陈汉文，周中胜．内部控制质量与企业债务融资成本［J］．南开管理评论，2014（3）：103-111.

［144］陈秋平，潘越，肖金利．晋升激励、地域偏爱与企业环境表现：来自A股上市公司的经验证据［J］．中国管理科学，2019，27（8）：47-56.

［145］陈羽桃，冯建．企业绿色投资提升了企业环境绩效吗——基于效率视角的经验证据［J］．会计研究，2020，387（1）：181-194.

［146］邓博夫，陶存杰，吉利．企业参与精准扶贫与缓解融资约束［J］．财经研究，2020，46（12）：138-151.

［147］范子英，彭飞．"营改增"的减税效应和分工效应：基于产业互联的视角［J］．经济研究．2017（2）：82-95.

［148］范子英，赵仁杰．财政职权、征税努力与企业税负［J］．经济研究，2020（4）：101-117.

［149］方红星，楚有为．公司战略与商业信用融资［J］．南开管理评论，2019，22（5）：142-154.

［150］高伟生．大股东股权质押影响上市公司的银行贷款吗？［J］．金融监管研究，2018，82（10）：53-68．

［151］胡珺，宋献中，王红建．非正式制度、家乡认同与企业环境治理［J］．管理世界，2017（3）：76-94．

［152］胡珺，汤泰劼，宋献中．企业环境治理的驱动机制研究：环保官员变更的视角［J］．南开管理评论，2019，22（2）：89-103．

［153］吉利，苏朦．企业环境成本内部化动因：合规还是利益？——来自重污染行业上市公司的经验证据［J］．会计研究，2016（11）：69-75．

［154］贾俊雪，应世为．财政分权与企业税收激励——基于地方政府竞争视角的分析［J］．中国工业经济，2016（10）：23-39．

［155］江伟，李斌．制度环境、国有产权与银行差别贷款［J］．金融研究，2006（11）：116-126．

［156］姜楠．环境处罚能够威慑并整治企业违规行为吗？——基于国家重点监控企业的分析．经济与管理研究，2019，40（7）：102-115．

［157］颉茂华，王瑾，刘冬梅．环境规制、技术创新与企业经营绩效［J］．南开管理评论，2014，17（6）：106-113．

［158］黎凯，叶建芳．财政分权下政府干预对债务融资的影响——基于转轨经济制度背景的实证分析［J］．管理世界，2007（8）：23-34．

［159］李蕾蕾，盛丹．地方环境立法与中国制造业的行业资源配置效率优化［J］．中国工业经济，2018（7）：136-154．

［160］李培功，沈艺峰．社会规范、资本市场与环境治理：基于机构投资者视角的经验证据［J］．世界经济，2011（6）：126-146．

［161］李青原，肖泽华．异质性环境规制工具与企业绿色创新激励——来自上市企业绿色专利的证据［J］．经济研究，2020，55（9）：192-208．

［162］李万福，陈晖丽．内部控制与公司实际税负［J］．金融研究，2012（9）：195-206．

［163］李文，王佳．地方财政压力对企业税负的影响：基于多层线性模型的分析［J］．财贸研究，2020（5）：52-65．

［164］李怡娜，叶飞．高层管理支持、环保创新实践与企业绩效——资源承诺的调节作用［J］．管理评论，2013，25（1）：120-127．

［165］李增福，汤旭东，连玉君．中国民营企业社会责任背离之谜［J］．管理世界，2016（9）：136-148．

［166］李增福，徐媛．税率调整对我国上市公司实际税收负担的影响［J］．

经济科学，2010（3）：27-38.

[167] 梁平汉，高楠. 人事变更、法制环境和地方环境污染 [J]. 管理世界，2014，249（6）：65-78.

[168] 刘畅，张景华. 环境责任、企业性质与企业税负 [J]. 财贸研究，2020，31（9）：64-75.

[169] 刘凤委，邬展霞，眭洋扬. 市场化程度、产权性质与公司税负波动研究 [J]. 税务研究，2016，374（3）：103-107.

[170] 刘海明，王哲伟，曹廷求. 担保网络传染效应的实证研究 [J]. 管理世界，2016（4）：81-96+188.

[171] 刘行，叶康涛. 金融发展、产权与企业税负 [J]. 管理世界，2014（3）：41-52.

[172] 刘行，赵晓阳. 最低工资标准的上涨是否会加剧企业避税？[J]. 经济研究，2019（10）：121-135.

[173] 刘慧龙，吴联生. 制度环境、所有权性质与企业实际税率 [J]. 管理世界，2014（4）：42-52.

[174] 刘骏，刘峰. 财政集权、政府控制与企业税负——来自中国的证据 [J]. 会计研究，2014（1）：23-29+96.

[175] 刘啟仁，陈恬. 出口行为如何影响企业环境绩效 [J]. 中国工业经济，2020（1）：99-117.

[176] 罗党论，杨玉萍. 产权、政治关系与企业税负：来自中国上市公司的经验证据 [J]. 世界经济文汇，2013（4）：1-19.

[177] 吕伟，李明辉. 高管激励、监管风险与公司税负——基于制造业上市公司的实证研究 [J]. 山西财经大学学报，2012（5）：71-78.

[178] 潘孝珍，新企业所得税法与企业税费负担：基于上市公司的微观视角 [J]. 财贸研究，2013（5）：113-119.

[179] 齐绍洲，林屾，崔静波. 环境权益交易市场能否诱发绿色创新？——基于我国上市公司绿色专利数据的证据 [J]. 经济研究，2018，53（12）：131-145.

[180] 邱牧远，殷红. 生态文明建设背景下企业 ESG 表现与融资成本 [J]. 数量经济技术经济研究，2019（3）：108-123.

[181] 沈红波，谢越，陈峥嵘. 企业的环境保护、社会责任及其市场效应——基于紫金矿业环境污染事件的案例研究 [J]. 中国工业经济，2012（1）：141-151.

［182］沈洪涛，马正彪．地区经济发展压力、企业环境表现与债务融资［J］.金融研究，2014（2）：153-166.

［183］沈洪涛，周艳坤．环境执法监督与企业环境绩效：来自环保约谈的准自然实验证据［J］.南开管理评论，2017，20（6）：73-82.

［184］沈洪涛，游家兴，刘江宏．再融资环保核查、环境信息披露与权益资本成本［J］.金融研究，2010（12）：159-172.

［185］苏冬蔚，连莉莉．绿色信贷是否影响重污染企业的投融资行为？［J］.金融研究，2018，462（12）：127-141.

［186］孙铮，李增泉，王景斌．所有权性质，会计信息与债务契约——来自我国上市公司的经验证据［J］.管理世界，2006（10）：100-107.

［187］孙铮，刘凤委，李增泉．市场化程度，政府干预与企业债务期限结构——来自我国上市公司的经验证据［J］.经济研究，2005，40（5）：52-63.

［188］唐国平，李龙会，吴德军．环境管制、行业属性与企业环保投资［J］.会计研究，2013（6）：85-91+98.

［189］唐松，施文，孙安其．环境污染曝光与公司价值——理论机制与实证检验［J］.金融研究，2019（8）：133-150.

［190］唐玮，夏晓雪，姜付秀．控股股东股权质押与公司融资约束［J］.会计研究，2019（6）：51-57.

［191］田彬彬，陶东杰，李文健．税收任务、策略性征管与企业实际税负［J］.经济研究，2020，55（8）：121-136.

［192］童锦治，苏国灿，魏志华．"营改增"、企业议价能力与企业实际流转税税负——基于中国上市公司的实证研究［J］.财贸经济，2015，408（11）：16-28.

［193］王兵，戴敏，武文杰．环保基地政策提高了企业环境绩效吗？——来自东莞市企业微观面板数据的证据［J］.金融研究，2017（4）：147-164.

［194］王红建，汤泰劼，宋献中．谁驱动了企业环境治理：官员任期考核还是五年规划目标考核［J］.财贸经济，2017，38（11）：147-160.

［195］王伟同，李秀华，陆毅．减税激励与企业债务负担——来自小微企业所得税减半征收政策的证据［J］.经济研究，2020，55（8）：105-120.

［196］王晓祺，郝双光，张俊民．新《环保法》与企业绿色创新："倒逼"抑或"挤出"？［J］.中国人口·资源与环境，2020，30（7）：107-117.

［197］王延明．上市公司所得税负担研究——来自规模、地区和行业的经验证据［J］.管理世界，2003（1）：115-122.

［198］王依，龚新宇．环保处罚事件对"两高"上市公司股价的影响分析［J］．中国环境管理，2018（2）：28-33.

［199］王云，李延喜，马壮，宋金波．媒体关注、环境规制与企业环保投资［J］．南开管理评论，2017（6）：83-94.

［200］王云，李延喜，马壮，宋金波．环境行政处罚能以儆效尤吗？——同伴影响视角下环境规制的威慑效应研究［J］．管理科学学报，2020，23（1）：77-95.

［201］魏志华，曾爱民，李博．金融生态环境与企业融资约束——基于中国上市公司的实证研究［J］．会计研究，2014（5）：73-80+95.

［202］吴红军，刘啟仁，郭佐青．环境信息披露、分析师跟踪与融资约束缓解——基于不对称性信息"投资—现金流"动态模型［C］//中国会计学会环境会计专业委员会2014学术年会论文集．中国会计学会，2014.

［203］吴联生，李辰．"先征后返"，公司税负与税收政策的有效性［J］．中国社会科学，2007（4）：61-73.

［204］吴联生．国有股权，税收优惠与公司税负［J］．经济研究，2009，44（10）：109-120.

［205］吴文锋，吴冲锋，芮萌．中国上市公司高管的政府背景与税收优惠［J］．管理世界，2009（3）：134-142.

［206］吴祖光，万迪昉．企业税收负担计量和影响因素研究述评［J］．经济评论，2012（6）：150-157.

［207］徐彦坤，祁毓，宋平凡．环境处罚，公司绩效与减排激励——来自中国工业上市公司的经验证据［J］．中国地质大学学报（社会科学版），2020（4）：72-89.

［208］杨华领，宋常．地方政府债务、产权属性与公司税负［J］．财经论丛（浙江财经大学学报），2015，197（8）：27-36.

［209］杨旭东，沈彦杰，彭晨宸．环保投资会影响企业实际税负吗？——来自重污染行业的证据［J］．会计研究，2020（5）：134-146.

［210］叶陈刚，王孜，武剑锋，李惠．外部治理、环境信息披露与股权融资成本［J］．南开管理评论，2015，18（5）：85-96.

［211］叶康涛，张然，徐浩萍．声誉、制度环境与债务融资——基于中国民营上市公司的证据［J］．金融研究，2010（8）：171-183.

［212］于连超，张卫国，毕茜．环境税会倒逼企业绿色创新吗？［J］．审计与经济研究，2019，34（2）：83-94.

［213］于连超，张卫国，毕茜．环境执法监督对企业绿色创新的影响［J］．财经理论与实践，2019，40（3）：130-137.

［214］翟胜宝，童丽静，伍彬．控股股东股权质押与企业银行贷款——基于我国上市公司的实证研究［J］．会计研究，2020，392（6）：75-92.

［215］詹新宇．王一欢．地方政府经济竞争下的企业负担：来自上市公司的经验证据［J］．经济理论与经济管理，2020（6）：39-57.

［216］张敦力，李四海．社会信任、政治关系与民营企业银行贷款［J］．会计研究，2012（8）：17-24.

［217］张国清，陈晓艳，肖华．过程、结果维度的环境治理与企业财务绩效［J］．经济管理，2020，42（5）：120-139.

［218］张琦，郑瑶，孔东民．地区环境治理压力、高管经历与企业环保投资——一项基于《环境空气质量标准（2012）》的准自然实验［J］．经济研究，2019（6）：183-198.

［219］张伟华，毛新述，刘凯璇．利率市场化改革降低了上市公司债务融资成本吗？［J］．金融研究，2018（10）：106-122.

［220］赵纯祥，张敦力，杨快，马光华．税收征管经历独董能降低企业税负吗［J］．会计研究，2019（11）：70-77.

［221］钟覃琳，陆正飞．资本市场开放能提高股价信息含量吗？——基于"沪港通"效应的实证检验［J］．管理世界，2018，34（1）：169-179.

［222］周泽将，高雅萍，张世国．营商环境影响企业信贷成本吗［J］．财贸经济，2020（12）：117-131.

［223］朱琳，伊志宏．资本市场对外开放能够促进企业创新吗？——基于"沪港通"交易制度的经验证据［J］．经济管理，2020，42（2）：42-59.

［224］邹萍．"言行一致"还是"投桃报李"？——企业社会责任信息披露与实际税负［J］．经济管理，2018，40（3）：159-177.